Formação socioespacial urbana contemporânea

DIALÓGICA

O selo DIALÓGICA da Editora InterSaberes faz referência às publicações que privilegiam uma linguagem na qual o autor dialoga com o leitor por meio de recursos textuais e visuais, o que torna o conteúdo muito mais dinâmico. São livros que criam um ambiente de interação com o leitor – seu universo cultural, social e de elaboração de conhecimentos –, possibilitando um real processo de interlocução para que a comunicação se efetive.

Formação socioespacial urbana contemporânea

Jane Roberta de Assis Barbosa
Sandra Priscila Alves

EDITORA intersaberes

Rua Clara Vendramin, 58 . Mossunguê . CEP 81200-170 . Curitiba . PR . Brasil
Fone: (41) 2106-4170 . www.intersaberes.com . editora@editorainteresaberes.com.br

Conselho editorial
Dr. Ivo José Both (presidente)
Drª Elena Godoy
Dr. Neri dos Santos
Dr. Ulf Gregor Baranow

Editora-chefe
Lindsay Azambuja

Gerente editorial
Ariadne Nunes Wenger

Analista editorial
Ariel Martins

Preparação de originais
LEE Consultoria

Edição de texto
Palavra do Editor
Caroline Rabelo Gomes

Capa
Débora Gipiela (*design*)
naKornCreate/Shutterstock (imagem)

Projeto gráfico
Mayra Yoshizawa

Diagramação
Fabiola Penso

Equipe de *design*
Sílvio Gabriel Spannenberg

Iconografia
Sandra Lopis da Silveira

Dados Internacionais de Catalogação na Publicação (CIP)
(Câmara Brasileira do Livro, SP, Brasil)

1ª edição, 2020.

Foi feito o depósito legal.

Informamos que é de inteira responsabilidade das autoras a emissão de conceitos.

Nenhuma parte desta publicação poderá ser reproduzida por qualquer meio ou forma sem a prévia autorização da Editora InterSaberes.

A violação dos direitos autorais é crime estabelecido na Lei n. 9.610/1998 e punido pelo art. 184 do Código Penal.

Barbosa, Jane Roberta de Assis
    Formação socioespacial urbana contemporânea/Jane Roberta de Assis Barbosa, Sandra Priscila Alves. Curitiba: InterSaberes, 2020.

    Bibliografia.
    ISBN 978-85-227-0222-0

    1. Espaço urbano 2. Geografia regional 3. Globalização 4. Planejamento urbano 5. Sociedade 6. Urbanização I. Alves, Sandra Priscila. II. Título.

19-31185   CDD-910

Índices para catálogo sistemático:
1. Formação socioespacial urbana: Geografia urbana   910

Cibele Maria Dias – Bibliotecária – CRB-8/9427

Sumário

Apresentação | 7
Como aproveitar ao máximo este livro | 13

1. O conceito de formação socioespacial na perspectiva da geografia brasileira | 17
   1.1 Correntes do pensamento geográfico | 19
   1.2 Conceito de formação socioespacial | 32
   1.3 Formação socioespacial como princípio de método para o estudo do território brasileiro | 35
   1.4 A formação socioespacial brasileira e sua importância para a compreensão das dinâmicas territoriais na contemporaneidade | 39

2. Globalização e suas implicações na formação socioespacial contemporânea do território brasileiro | 61
   2.1 Globalização: o que é? | 66
   2.2 A globalização e a reestruturação produtiva do território brasileiro | 77
   2.3 O processo de globalização e suas repercussões nas dinâmicas urbanas recentes | 82

3. Novos usos do território e rede urbana: a especificidade do fenômeno no Brasil contemporâneo | 95
   3.1 Espaço urbano | 98
   3.2 O processo de formação de cidades no Brasil e suas repercussões na rede urbana atual | 100
   3.3 A dinâmica atual dos espaços rural e urbano no contexto da formação socioespacial do Brasil contemporâneo | 103

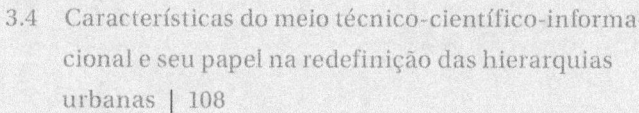

3.4 Características do meio técnico-científico-informacional e seu papel na redefinição das hierarquias urbanas | 108

4. **Região, processos de regionalização e desigualdades à luz da formação socioespacial contemporânea** | 133
   4.1 Fundamentos teóricos sobre a desigualdade | 136
   4.2 Principais conceitos e abordagens teóricas sobre região e regionalização | 141
   4.3 O processo de formação econômica e a constituição das redes de integração territorial do Brasil | 151
   4.4 A relevância do planejamento urbano e regional para a organização do espaço urbano | 157

5. **Fenômeno urbano contemporâneo e suas repercussões no cotidiano das cidades** | 173
   5.1 Características gerais da população urbana brasileira | 175
   5.2 Desigualdades socioespaciais | 184
   5.3 Segregação socioespacial brasileira | 194
   5.4 Problemática ambiental das cidades brasileiras | 202

Considerações finais | 223
Referências | 225
Bibliografia comentada | 243
Respostas | 245
Sobre as autoras | 253

Apresentação

A reconstituição do movimento da sociedade é um dos caminhos que se podem eleger para compreender as dinâmicas recentes do território brasileiro e a transformação dos conteúdos e funções desempenhadas pelos lugares. Essa reconstituição, seja no contexto urbano, seja no rural, pode ser feita por meio do estudo da formação socioespacial. Autores como Milton Santos, Caio Prado Junior e Celso Furtado, por exemplo, deixaram um legado importante para que possamos refletir criticamente acerca dos processos que permeiam a formação do território brasileiro. Lidar com as dinâmicas recentes do país, situando-as no tempo e no espaço, é um desafio que esta obra procura superar.

O objetivo principal é auxiliar você, leitor, na compreensão do conceito de *formação socioespacial* e, tomando-se esse conceito como base, na reflexão acerca do fenômeno urbano contemporâneo e de sua expressão no território brasileiro, uma vez que transborda para além dos limites da cidade, sendo possível verificar sua interação e complementaridade com o rural e o regional. Para alcançar esse objetivo, a obra busca, sempre que necessário, remeter-se a conteúdos abordados em outras disciplinas, demonstrando com isso a importância do diálogo entre disciplinas e seus conteúdos específicos. Esse diálogo reforçará seu aprendizado.

O primeiro capítulo, "O conceito de formação socioespacial na perspectiva da geografia brasileira", prima por um caminho crítico-reflexivo para ajudá-lo a compreender o conceito de formação socioespacial em uma perspectiva geográfica, considerando a especificidade do processo de formação da cidade contemporânea. Para isso, são abordados os seguintes conteúdos:

- » conceito de formação socioespacial;
- » a formação socioespacial como princípio de método para o estudo da cidade;
- » a formação socioespacial brasileira e a cidade na contemporaneidade.

De modo específico, por meio desse capítulo, é possível construir uma análise sobre a importância da geografia crítica e do geógrafo Milton Santos para a formulação do conceito de *formação socioespacial*. Além disso, é possível reconhecer a formação socioespacial como princípio de método para o estudo da cidade, identificando-se os elementos necessários para examinar a relação que se estabelece entre o processo de formação socioespacial e a cidade no Brasil contemporâneo.

O segundo capítulo, "Globalização e suas implicações na formação socioespacial contemporânea do território brasileiro", instiga a reflexão sobre as implicações decorrentes da globalização na formação socioespacial contemporânea, pautando-se nos seguintes conteúdos:

- » globalização;
- » a globalização e a reestruturação produtiva do território brasileiro;
- » o processo de globalização e suas repercussões nas dinâmicas urbanas recentes.

Em se tratando das especificidades desse capítulo, é apresentado o conceito de *globalização* segundo diferentes autores, sobretudo da geografia. Além disso, o capítulo contribui para que você consiga identificar o papel da globalização na reestruturação produtiva do território brasileiro e correlacionar o processo de globalização com as repercussões nas dinâmicas urbanas recentes.

É importante ressaltar que os processos de globalização e reestruturação produtiva têm consequências diretas na rede urbana, promovendo, na contemporaneidade, novos usos do território brasileiro, os quais são discutidos no terceiro capítulo desta obra, "Novos usos do território e rede urbana: a especificidade do fenômeno no Brasil contemporâneo". O capítulo examina, portanto, os elementos que caracterizam a rede urbana brasileira contemporânea por meio dos seguintes conteúdos:

» o urbano e o rural na formação socioespacial do Brasil contemporâneo;
» a reestruturação produtiva e suas repercussões na rede urbana brasileira;
» a importância do Instituto Brasileiro de Geografia e Estatística (IBGE) na definição de metodologias para o estudo da rede urbana no Brasil;
» a expansão do meio técnico-científico-informacional e a redefinição das hierarquias urbanas.

Assim, o terceiro capítulo não apenas o ajudará a entender a dinâmica atual do urbano e do rural no contexto da formação socioespacial do Brasil contemporâneo, como também contribuirá para que consiga, ao se apropriar do conteúdo abordado, demonstrar capacidade crítica em relação ao processo de formação da rede de cidades no Brasil e suas repercussões na rede urbana atual. O intuito é o de colaborar para a formulação de um pensamento crítico e reflexivo acerca das abordagens teóricas e das metodologias utilizadas para o estudo da rede urbana e a identificação das características do meio técnico-científico-informacional e seu papel na redefinição das hierarquias urbanas, as quais têm implicações no contexto regional.

O quarto capítulo desta obra, "Região, processos de regionalização e desigualdades à luz da formação socioespacial contemporânea", aborda os diferentes papéis desempenhados pelos agentes de produção do espaço urbano, relacionando suas ações no contexto das políticas de planejamento urbano e regional e os diferentes usos da cidade, tomando como referência os seguintes conteúdos:

» teorias da região e da regionalização;
» a formação econômica e a constituição das redes de integração territorial do Brasil;
» as políticas de planejamento urbano e regional e sua importância para a organização do espaço urbano;
» a formação socioespacial e a constituição das redes de integração do território brasileiro.

É importante ressaltar que, para compreender os diferentes processos de regionalização e a formação das regiões brasileiras, é necessário conhecer os principais conceitos e abordagens teóricas sobre região e regionalização, os quais são suporte para entender o processo de formação econômica e a constituição das redes de integração territorial do Brasil. O embasamento dessas questões contribui para que você adquira a capacidade de avaliar a relevância das políticas de planejamento urbano e regional para a organização do espaço urbano e compreender como são definidas as redes de integração do território brasileiro no contexto de sua formação socioespacial.

O quinto capítulo, "Fenômeno urbano contemporâneo e suas repercussões no cotidiano das cidades", tem estreita relação com a formação socioespacial do território brasileiro. Compreender a desigualdade socioespacial no contexto da problemática social, econômica e ambiental das cidades brasileiras é um desafio que o capítulo procura superar. Portanto, nele você encontrará elementos que dão suporte ao desenvolvimento de uma reflexão com base nos seguintes conteúdos:

» características gerais da população urbana brasileira;
» diferenças e desigualdades do território brasileiro;
» processo de segregação socioespacial;
» dificuldades e caminhos alternativos para o tratamento da problemática socioambiental das cidades.

O capítulo objetiva, portanto, lançar as bases para que você consiga avaliar as características gerais da população urbana brasileira e analisar os principais problemas socioambientais do país, considerando sua relação com a política do Estado e a política das empresas.

Esperamos que, amparados pela compreensão geral a respeito da formação socioespacial urbana contemporânea, consigamos estimular reflexões críticas sobre as diferenças e as desigualdades do território brasileiro relacionadas à segregação socioespacial.

Boa leitura!

Como aproveitar ao máximo este livro

Empregamos nesta obra recursos que visam enriquecer seu aprendizado, facilitar a compreensão dos conteúdos e tornar a leitura mais dinâmica. Conheça a seguir cada uma dessas ferramentas e saiba como estão distribuídas no decorrer deste livro para bem aproveitá-las.

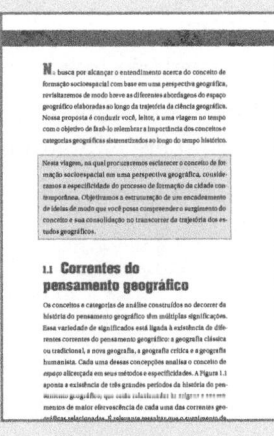

Introdução do capítulo
Logo na abertura do capítulo, informamos os temas de estudo e os objetivos de aprendizagem que serão nele abrangidos, fazendo considerações preliminares sobre as temáticas em foco.

Síntese
Ao final de cada capítulo, relacionamos as principais informações nele abordadas a fim de que você avalie as conclusões a que chegou, confirmando-as ou redefinindo-as.

Indicações culturais
Para ampliar seu repertório, indicamos conteúdos de diferentes naturezas que ensejam a reflexão sobre os assuntos estudados e contribuem para seu processo de aprendizagem.

Atividades de autoavaliação
Apresentamos estas questões objetivas para que você verifique o grau de assimilação dos conceitos examinados, motivando-se a progredir em seus estudos.

Atividades de aprendizagem

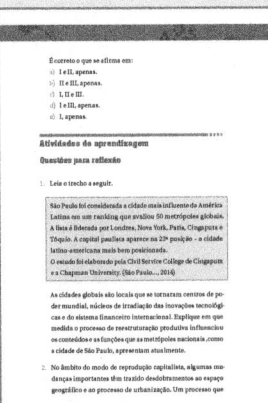

Aqui apresentamos questões que aproximam conhecimentos teóricos e práticos a fim de que você analise criticamente determinado assunto.

Bibliografia comentada

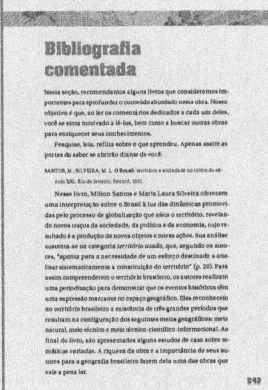

Nesta seção, comentamos algumas obras de referência para o estudo dos temas examinados ao longo do livro.

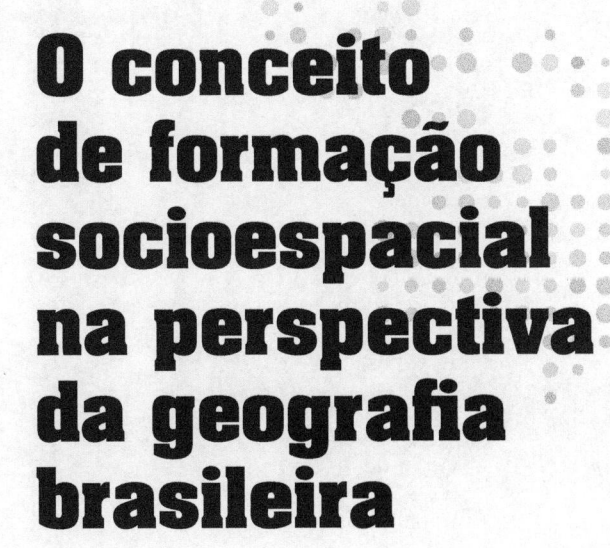

I
O conceito de formação socioespacial na perspectiva da geografia brasileira

Na busca por alcançar o entendimento acerca do conceito de formação socioespacial com base em uma perspectiva geográfica, revisitaremos de modo breve as diferentes abordagens do espaço geográfico elaboradas ao longo da trajetória da ciência geográfica. Nossa proposta é conduzir você, leitor, a uma viagem no tempo com o objetivo de fazê-lo relembrar a importância dos conceitos e categorias geográficas sistematizados ao longo do tempo histórico.

> Nesta viagem, na qual procuraremos esclarecer o conceito de formação socioespacial em uma perspectiva geográfica, consideramos a especificidade do processo de formação da cidade contemporânea. Objetivamos a estruturação de um encadeamento de ideias de modo que você possa compreender o surgimento do conceito e sua consolidação no transcorrer da trajetória dos estudos geográficos.

1.1 Correntes do pensamento geográfico

Os conceitos e categorias de análise construídos no decorrer da história do pensamento geográfico têm múltiplas significações. Essa variedade de significados está ligada à existência de diferentes correntes do pensamento geográfico: a geografia clássica ou tradicional, a nova geografia, a geografia crítica e a geografia humanista. Cada uma dessas concepções analisa o conceito de *espaço* alicerçada em seus métodos e especificidades. A Figura 1.1 aponta a existência de três grandes períodos da história do pensamento geográfico, que estão relacionados às origens e aos momentos de maior efervescência de cada uma das correntes geográficas relacionadas. É relevante ressaltar que o surgimento de uma nova corrente teórica não negou ou excluiu a existência das anteriores, pois os paradigmas a elas relacionados coexistiram nos grandes períodos expostos na figura.

Ao acompanhar a trajetória do pensamento geográfico, é possível compreender a importância de cada corrente teórica em virtude das características inerentes a cada período histórico, sobretudo no que concerne às ideologias insurgentes ou predominantes nas épocas em que ocorre a predominância de cada vertente.

Figura 1.1 – Marcos temporais correspondentes às correntes do pensamento geográfico

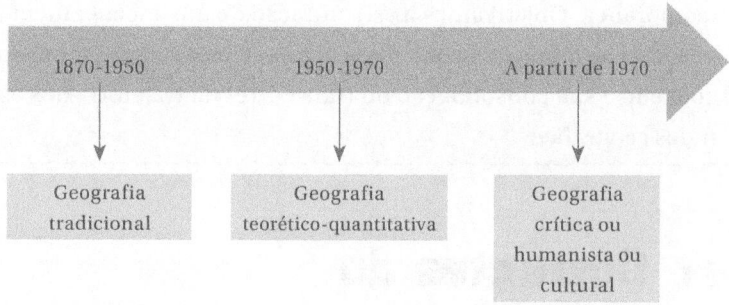

Fonte: Elaborado com base em Corrêa, 1995.

Ciência útil aos interesses do Estado, a geografia foi utilizada no século XIX pelos governos francês e alemão com propósitos expansionistas, bem como com o objetivo de ajudar a construir e/ou fortalecer uma identidade nacional. Assim, as ideias produzidas por Friedrich Ratzel (1844-1904), na Alemanha, e Paul Vidal de La Blache (1845-1918), na França, foram apropriadas pelo Estado para atender ao projeto das elites (militar, política e econômica) daquele século (Lacoste, 1985).

A geografia que então se praticava privilegiou os conceitos de *paisagem* e *região*. O conceito de *espaço* estava implícito na antropogeografia de Ratzel, na qual era tratado como vital, pois seria a própria razão de ser do Estado (Corrêa, 1995). O espaço vital servia como elemento justificador do projeto expansionista alemão, que, ao longo do século XIX, desempenhou esforços para se apropriar dos territórios de outrem. É nesse sentido que Lacoste (1985) e também Harvey (1980) procuram demonstrar que a escolha e a formulação de um conceito não são neutras, nem a ciência.

O escopo metodológico utilizado na geografia tradicional ou clássica praticada no período abrange, segundo Suertegaray (2005, p. 18), quatro etapas: 1) localizar, 2) observar, 3) descrever e 4) explicar determinado fenômeno. Haesbaert, Nunes Pereira e Ribeiro (2012) reconhecem, com base nos escritos de Vidal de La Blache, um princípio de método que continua relevante: a conexão que rege os fatos geográficos. Para Vidal, a relação do homem com o meio expressa uma complexidade e coloca-o como fator geográfico de grande importância.

Podemos notar que o princípio da conexão presente na geografia clássica permanece importante nos dias atuais, pois não é possível analisar os fenômenos que permeiam a existência do ser humano em sua complexidade desconsiderando-se a multiplicidade de processos, diferenças sociais, econômicas e culturais de uma sociedade. O espaço geográfico é dinâmico e precisa ser assim compreendido pelos princípios de métodos que permitam uma análise coerente com o mundo.

No Brasil, a influência da geografia clássica ocorreu inicialmente em 1934, com a fundação da Faculdade de Filosofia, Ciências e Letras da Universidade de São Paulo e, mais especificamente, por meio da criação do curso de graduação em Geografia, no ano de 1946. Naquela ocasião, Pierre Deffontaines (1894-1978) e Pierre Monbeig (1908-1987) tiveram um papel de destaque na formação de professores no Brasil (Dantas; Lima, 2008; Anselmo, 2013; Brabant, 2014).

A geografia produzida no país durante o século XIX tinha como finalidades formar as elites, atender a interesses expansionistas e formar a identidade nacional. A geografia produzida em meados de 1950, por sua vez, sob forte influência da Inglaterra e dos Estados Unidos, tinha como finalidade fornecer subsídios para a atuação das grandes empresas e do Estado. Utilizava para isso métodos estatístico-matemáticos com o intuito de constituir ferramentas para o planejamento e a organização do espaço.

A nova geografia ou geografia teórico-quantitativa buscava a análise do espaço centrada na compreensão dos processos espaciais, geralmente partindo de uma perspectiva econômica da centralização ou dispersão. Incorporou modelos de análise e de explicação que se tornaram de uso comum e que ainda nos dias atuais ajudam a respaldar os estudos sobre hierarquia urbana. Um exemplo é a teoria dos círculos concêntricos do economista alemão Johann von Thünen (1783-1850), exposta na Figura 1.2, e a teoria dos lugares centrais, do geógrafo Walter Christaller (1893-1969), também alemão.

Figura 1.2 – Círculos concêntricos (Von Thünen)

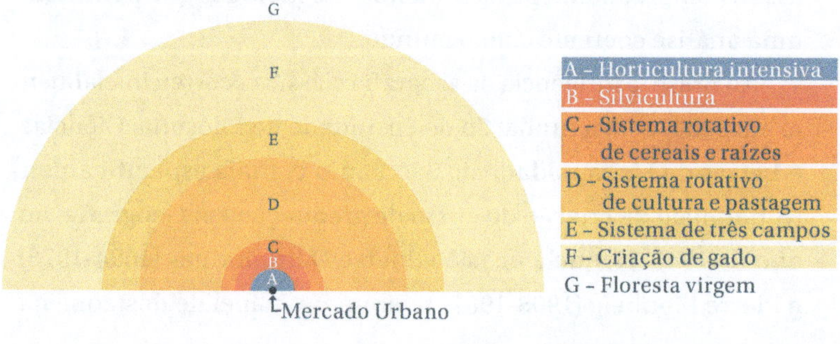

A – Horticultura intensiva
B – Silvicultura
C – Sistema rotativo de cereais e raízes
D – Sistema rotativo de cultura e pastagem
E – Sistema de três campos
F – Criação de gado
G – Floresta virgem

Fonte: Cabral, 2011, p. 409.

O economista Von Thünen tinha interesse em compreender a utilização do solo agrícola e sua variação em função da distância de um mercado. Para isso, formulou um modelo gráfico com base na definição de círculos concêntricos que permitia comprovar que o uso do solo agrícola se alterava em virtude de sua distância de um dado mercado. Sua teoria serviu de inspiração para o estudioso Walter Christaller. Inspirado nos princípios formulados por Von Thünen e também pelo economista Max Weber (1864-1920), Christaller queria explicar, por meio da criação de uma teoria dos lugares centrais, a organização espacial das povoações e de suas áreas de influência (Bradford; Kent, 1977). Essa teoria também apresenta uma expressão gráfica, ou seja, é representada por meio de um modelo analítico, conforme você pode observar na Figura 1.3.

Figura 1.3 - Rede de localidades centrais: os esquemas de Christaller

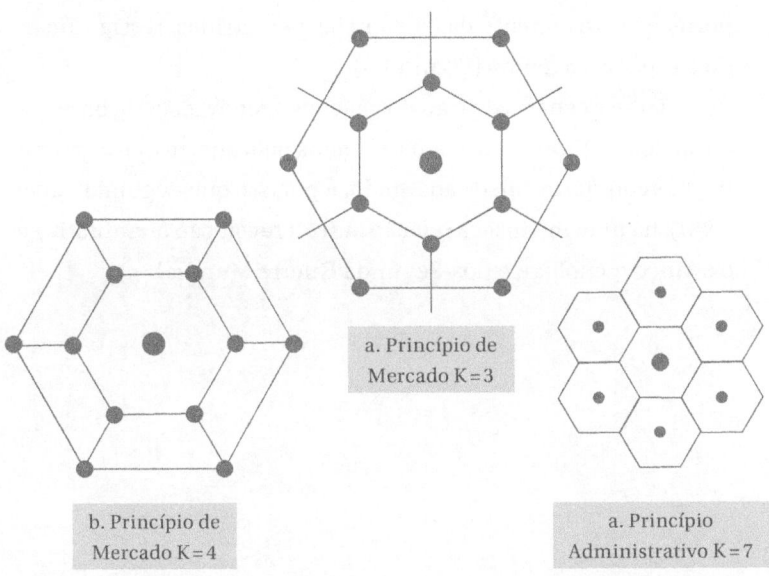

a. Princípio de Mercado K = 3

b. Princípio de Mercado K = 4

a. Princípio Administrativo K = 7

Fonte: Corrêa, 1989a.

A Figura 1.3 mostra três arranjos espaciais que expressam formas de organização do espaço baseados na teoria de Christaller. O primeiro deles se refere ao princípio de mercado (a), no qual os pontos representam os centros de determinada hierarquia, e as linhas, suas ligações e/ou conexões. O segundo é o princípio de transporte (b), no qual os principais centros estão alinhados às principais rotas ou vias de circulação. O terceiro diz respeito ao princípio administrativo (c), no qual se destaca o comando das capitais e cidades, representadas por pontos, que desempenham um papel de polo no contexto regional, por exemplo (Corrêa, 1989a).

A nova geografia trouxe, portanto, profundas modificações à ciência geográfica e, no plano prático, teve boa aceitação no âmbito do planejamento público e privado (Capel, 1981). Esse processo ocorreu no período pós-Segunda Guerra Mundial, considerado por Hobsbawm (1995) como de intensas transformações na ciência, na tecnologia, na economia e na sociedade em geral, as quais promoveram, por meio dos progressos nos meios de transporte, o encurtamento das distâncias percorridas, ressignificando o espaço e o tempo (Figura 1.4).

Foi nesse cenário de transformações e renovações da base material dos territórios europeus afetados pela guerra que a geografia reforçou sua utilidade ao Estado. É por isso que, segundo Capel (1981), há uma intrínseca relação entre a revolução quantitativa e o avanço tecnológico pós-Segunda Guerra Mundial.

Figura I.4 – O encolhimento do mapa do mundo graças a inovações nos transportes que "aniquilam o espaço por meio do tempo"

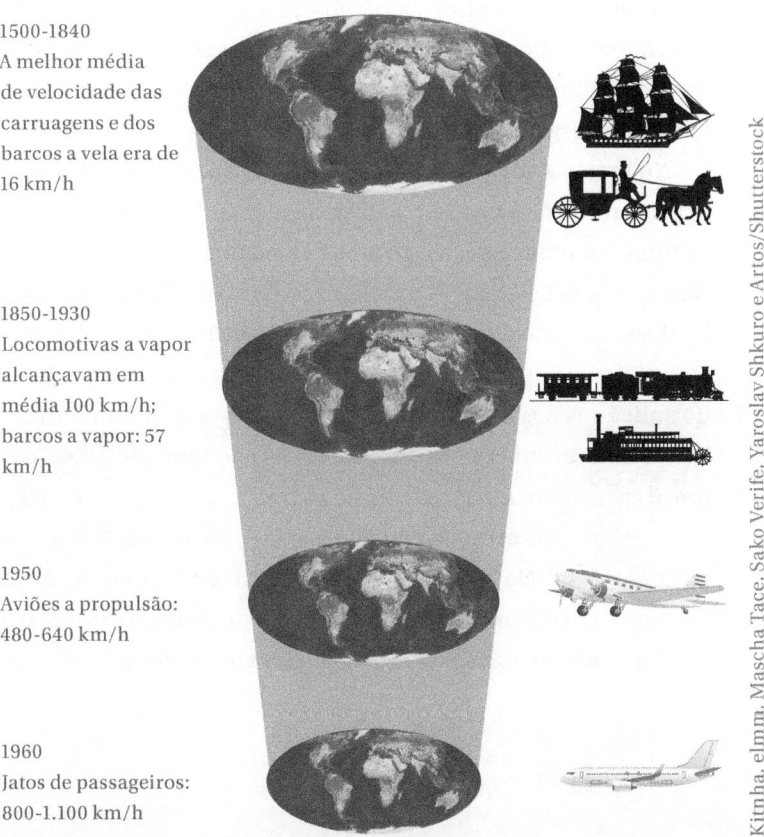

1500-1840
A melhor média de velocidade das carruagens e dos barcos a vela era de 16 km/h

1850-1930
Locomotivas a vapor alcançavam em média 100 km/h; barcos a vapor: 57 km/h

1950
Aviões a propulsão: 480-640 km/h

1960
Jatos de passageiros: 800-1.100 km/h

Fonte: Elaborando com base em Harvey, 1992.

Conforme Corrêa (1995), foi apenas com o surgimento da nova geografia ou geografia teorético-quantitativa que o espaço se tornou um conceito-chave, associado à ideia de uniformidade e representado analiticamente por meio de uma matriz. O conceito de *espaço* nesse contexto é homogêneo, e a distância torna-se uma variável-chave nos estudos de natureza geográfica. Além disso, o tempo histórico, os agentes sociais e as contradições inerentes à sociedade, por exemplo, são relegados a segundo plano. Mesmo assim, autores como Corrêa (1995) e Brunet (1997) destacam que os conhecimentos produzidos à luz da nova geografia ofereceram uma contribuição relevante no que diz respeito a questões relacionadas à organização espacial.

No Brasil, a nova geografia foi difundida por meio do Instituto Brasileiro de Geografia e Estatística (IBGE). A corrente teórica também obteve destaque no Departamento de Geografia da Universidade Estadual Paulista, do *campus* de Rio Claro, em São Paulo, sobretudo ao longo dos anos de 1960-1970. O IBGE privilegiou o uso de metodologias formuladas no período com o objetivo de aplicá-las aos estudos sobre o território brasileiro e à definição das hierarquias e redes de cidades. O documento *Divisão do Brasil em regiões funcionais urbanas*, publicado no ano de 1972, é um exemplo dos estudos realizados com o viés metodológico da nova geografia. No Mapa 1.1, desenvolvido com base nos dados da pesquisa, destacamos as cidades que, no período do estudo, ocupavam os níveis mais elevados da hierarquia urbana.

Mapa 1.1 – Hierarquia urbana das cidades brasileiras no ano de 1972

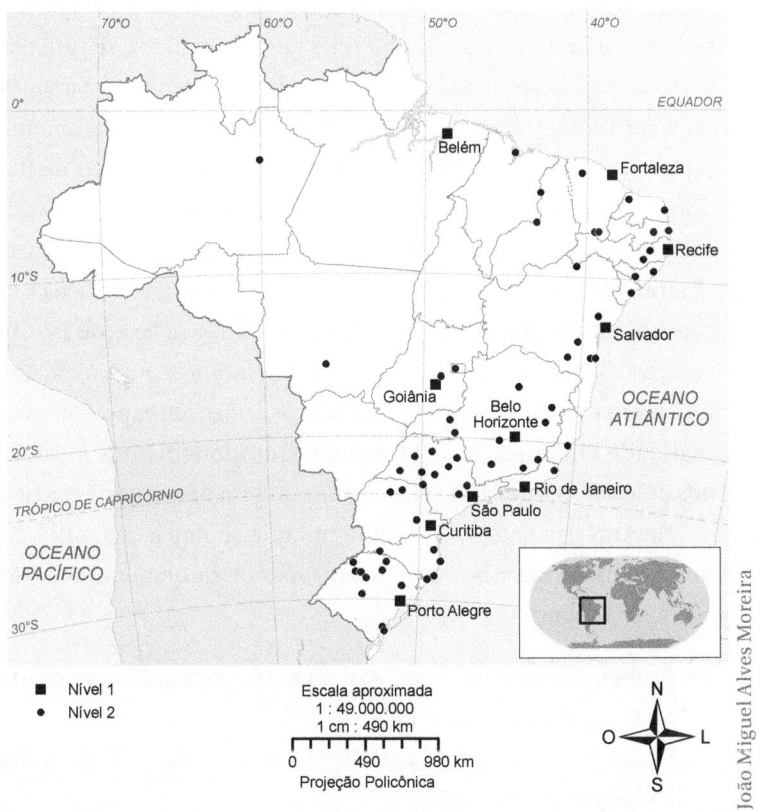

Fonte: Elaborado com base em IBGE, 1972.

No período de 1970, a corrente de pensamento humanista ou cultural passou a ter relevância na geografia. De acordo com essa corrente, segundo Claval (2011), o lugar é carregado de significações, um contraponto ao discurso da homogeneização que se propaga com a globalização. O lugar e seus signos expressam, desse modo, os efeitos da ação desigual da globalização por meio de distintas formas de resistência. Nessa perspectiva, ele passou a ser concebido como um conceito central e o espaço passou a sinônimo de *espaço vivido* (Fremont, 1978).

Ao mesmo tempo, a geografia crítica ganhou força e procurou se firmar como um campo relevante de estudos, diante das vertentes da geografia clássica ou tradicional e da nova geografia. Esta ainda tinha expressividade no âmbito do Departamento de Geografia da Universidade Estadual Paulista, *campus* de Rio Claro, e contava com uma revista que ajudava a divulgar pesquisas produzidas sob sua vertente teórica. Os geógrafos que participaram do movimento de renovação da ciência geográfica compreendiam a importância de considerar o espaço geográfico um processo histórico e dinâmico. Assim, passaram a indagar em que medida os modelos gráficos e hipotéticos poderiam expressar uma realidade dinâmica. Esse foi um dos questionamentos formulados pelos atores que lideraram o movimento da geografia crítica.

Na América Latina, o movimento que ajudou a geografia crítica de cunho marxista a se estabelecer teve como marcos três eventos, a saber:

1. Primeiro Encontro Latino-Americano de Geografia, realizado no Uruguai, no ano de 1973;
2. Segundo Encontro Latino-Americano de Geografia, realizado na Argentina, em 1974;
3. Terceiro Encontro Nacional de Geografia (ENG) da Associação dos Geógrafos Brasileiros (AGB), realizado em Fortaleza (CE), em 1978.

A questão central discutida nesses eventos consistiu na necessidade de renovação da ciência geográfica e na importância da compreensão do espaço geográfico diretamente relacionado à prática social. Esse debate trazia para o cerne das discussões da geografia brasileira a efervescência de um conjunto de ideias produzidas por geógrafos como os franceses Pierre George, Yves Lacoste e Raymond Guglielmo, publicadas no livro *A geografia ativa*, no ano de 1966. O pensamento do filósofo Henri Lefebvre, principalmente por meio das obras *O direito à cidade* (2006) e *Espacio y politica* (1976), e as reflexões suscitadas pelos geógrafos David Harvey, em *A justiça social e a cidade* (1973), e Milton Santos, no livro *Por uma geografia nova* (1978), também influenciaram sobremaneira as discussões fomentadas e tornaram-se basilares na construção do arcabouço teórico-metodológico na corrente da geografia crítica.

Colocava-se em evidência a importância de refletir a respeito da relação entre espaço e sociedade, ressaltando-se o espaço geográfico como lócus de reprodução das relações sociais, permeadas pela influência do capitalismo. O sistema capitalista, segundo a vertente da geografia crítica, executa relações assimétricas entre os agentes que produzem o espaço (o Estado e as instituições que lhe dão suporte, as grandes empresas). Nesse contexto, promovem-se processos de diferenciação e desigualdades socioespaciais em todas as escalas. Na Figura 1.5, podemos visualizar um tipo de paisagem presente nas cidades que evidencia uma feição da desigualdade materializada no espaço geográfico.

Figura 1.5 – A desigualdade socioespacial como tema de estudos da geografia crítica

> É importante destacar que, para fins didáticos, estamos traçando uma linha temporal, pois temos a finalidade de tornar a explanação mais clara, ao mostrar os períodos de maior ou menor expressão de cada uma das perspectivas do pensamento geográfico. Não é nosso interesse suscitar o pensamento de que exista uma linearidade das ideias produzidas. Na verdade, em um mesmo período histórico podem coexistir ideologias, abordagens e leituras opostas ou complementares.

No Quadro 1.1, procuramos reforçar de maneira sintética o conteúdo discutido até o momento. Em seguida, na próxima seção, apresentaremos a construção do conceito de formação socioespacial e sua relevância para a geografia brasileira.

Quadro 1.1 – Grandes momentos da geografia

Época	Características	Local de surgimento	Autor	Concepção da geografia	Método
Final do século XIX	Condições naturais determinam o comportamento humano (centralidade do conceito de espaço vital).	Alemanha	Friedrich Ratzel	Consiste no estudo da influência que as condições naturais exercem sobre a humanidade.	Empírico
Final do século XIX	A natureza é vista como fornecedora de possibilidades para que o homem a modificasse (o homem é o principal agente geográfico).	França	Paul Vidal de La Blache	Colocou o homem como ser ativo, que sofre a influência do meio, porém atua sobre este, transformando-o.	
Década de 1950 (séc. XX)	Associa-se à difusão do sistema de planejamento do Estado capitalista; tem o positivismo lógico como método de apreensão do real; busca leis ou regularidades sob a forma de padrões espaciais.	Suécia, Inglaterra e EUA, simultaneamente	W. Christaller	Sua finalidade explícita é criar métodos utilitários.	Modelos matemáticos
Década de 1970 (séc. XX)	Ruptura com o pensamento anterior (positivismo); análise geográfica como um instrumento de libertação do homem (materialismo dialético).	França e Brasil	Yves Lacoste Milton Santos David Harvey	Propõe a geografia como mais um elemento na superação da ordem capitalista.	Histórico e dialético
Geografia cultural – sua origem data do fim do século XIX, mas seu desenvolvimento até os anos 1970 foi lento. Os pesquisadores que trabalham com essa abordagem interessam-se por representações do espaço, simbolismo e identidade, por exemplo. No Brasil, Zeny Rosendahl e Roberto Lobato Corrêa são considerados referências importantes. Para a geografia cultural, o lugar, sinônimo de espaço vivido, é um conceito-chave.					

Fonte: Elaborado com base em Corrêa, 1995; Suertegaray, 2005; Claval, 2012.

1.2 Conceito de formação socioespacial

A renovação do pensamento geográfico por meio da geografia crítica no final dos anos 1970 colocava em evidência a necessidade de mudança das matrizes teóricas e fundamentos epistemológicos da geografia. Para isso, ideias e conceitos formulados por autores como Karl Marx (1818-1883) e Friedrich Engels (1820-1895) foram utilizados pelos geógrafos ligados ao movimento de renovação. Estes, respaldados pela concepção do materialismo histórico, colocaram em pauta a discussão acerca do papel da geografia na sociedade.

O espaço geográfico tornou-se, a partir de então, um conceito-chave a ser explorado, pois foi tomado como objeto disciplinar da geografia (Corrêa, 1995). Evidenciou-se a compreensão segundo a qual o espaço seria primordial para compreender as relações de trabalho, lazer, estudo e cultura, ou seja, tudo aquilo que, por meio de relações dialéticas, configura-se como dinâmica do espaço geográfico. Nessa perspectiva teórica, as relações socioeconômicas tinham suas origens no desenvolvimento desigual. A Figura 1.6 exemplifica um recorte territorial no qual o movimento de pessoas, dinheiro, informações e ideias dá origem ao uso de uma série de objetos fixados ao solo.

Figura I.6 – O espaço geográfico e a expressão de sua dinamicidade, na Rua 25 de Março, em São Paulo

Werther Santana/Estadão Conteúdo

Segundo Corrêa (1986), uma das maiores contribuições desse período para a geografia brasileira foi a formulação do conceito de *formação socioespacial* pelo geógrafo Milton Santos. No livro *Espaço e sociedade* (1979), o autor afirma que o espaço geográfico é uma totalidade que pode ser operacionalizada por meio da categoria de análise do território usado[i] e reconstituída à luz da formação socioespacial. Esse conceito está alicerçado na concepção do termo *formação econômico-social* (FES), presente nas obras de Karl Marx (2011 – publicada originalmente em 1858) e Karl Marx e Friedirch Engels (2006 – publicada originalmente em 1846). É importante ressaltar que a FES expressa o interesse dos autores em destacar a relevância dos modos de produção em distintas

---

i. A expressão *território usado* é considerada sinônimo de *espaço geográfico* (Santos, 1994, 1996; Santos; Silveira, 2001). Segundo Silveira (2011), o território é dinâmico; é a base material, somada à vida que a anima. É composto de sucessivas obras humanas e do movimento da sociedade no presente.

sociedades e possibilitar a compreensão das relações sociais, das dinâmicas espaciais e de seus conteúdos contraditórios.

O principal estudioso do conceito de FES foi Emilio Sereni (1973), que fez uma análise profunda dessa concepção na obra de Marx. Para o autor, com o entendimento de tal fator, Marx queria chamar atenção para a importância dos modos de produção em sociedades distintas (Barbosa, 2015).

Depois de ter vivido na Tanzânia e de lá ter atuado como professor e pesquisador, Santos afirmou que a vivência naquele país lhe proporcionou uma profunda reflexão a respeito da ideia de formação socioespacial. De acordo com o geógrafo,

> Na Tanzânia, eu via o capitalismo entrando lentamente. Foi muito importante, para a elaboração teórica do território, descobrir que um país, com sua história e sua organização geográfica, pode ser ou não um obstáculo, refazendo a história do capitalismo e distinguindo as formações sociais desse ponto de vista. Talvez daí tenha vindo essa ideia, que desenvolvi depois, da formação socioespacial – sem o espaço não dá para entender a produção do capitalismo. (Santos, 2000, p. 109)

Para Santos (1979), a FES deveria ser compreendida de forma indissociada em relação ao espaço geográfico. Por isso, referia-se à formação socioespacial, considerando o espaço geográfico como uma instância social[ii]. Além dos pesquisadores do universo geográfico, autores de outras áreas do conhecimento, como o

---

ii. Para o autor, o espaço é entendido como uma instância social, assim como a economia, a política e a cultura.

economista Celso Furtado (1920-2004) e o historiador Caio Prado Junior (1907-1990), são referências importantes que podem nos ajudar a compreender a formação socioespacial brasileira. Na próxima seção, vamos abordar a contribuição dada por esses autores. Além disso, mostraremos como a formação socioespacial pode se constituir em um princípio de método útil ao estudo do território brasileiro.

1.3 Formação socioespacial como princípio de método para o estudo do território brasileiro

Caio Prado Junior é um dos autores brasileiros que oferecem, em seu conjunto de obras, a possibilidade de construção de um pensamento genuíno acerca do Brasil. Entre suas produções, destaca-se o livro *Formação do Brasil contemporâneo: colônia*, publicado em 1942. A estrutura da obra está organizada em três grandes partes: o povoamento, a vida material e a vida social da formação socioespacial brasileira. O objetivo central do autor era compreender a formação da sociedade brasileira e, particularmente, as condicionantes do processo de transição entre a colônia e a nação. Caio Prado Junior privilegiou em sua análise o século XIX, pois é nele, segundo o autor, que se encontra a síntese dos três séculos de colonização do Brasil. Foi também nesse período que encontrou a chave ou os nexos explicativos para interpretar o Brasil atual (Prado Junior, 1942).

Figura I.7 – Área do centro da cidade do Rio de Janeiro, capital do Brasil e sede da corte, em 1894

Outra referência importante é o livro *Formação econômica do Brasil*, escrito pelo economista Celso Furtado em 1959. Trata-se de um estudo original a respeito do processo de constituição da economia brasileira, cujo eixo de interpretação é a posição periférica da economia do país, na qual haveria uma relação contraditória que inviabilizaria a consolidação de um mercado interno que contemplasse o conjunto da população, bem como a ausência de uma política de defesa dos interesses da população (Furtado, 1959).

Para Furtado (1959), paraibano profundamente interessado pela questão nordestina, o subdesenvolvimento era produto de uma situação histórica, configurando-se em uma forma singular do capitalismo. Essa assertiva nega a cadeia de sequenciamento do desenvolvimento capitalista, que coloca o subdesenvolvimento como uma das etapas a serem superadas no alcance do desenvolvimento. O autor coordenou o estudo e o relatório produzido pelo

Grupo de Trabalho para o Desenvolvimento do Nordeste (GTDN), no ano de 1958, que deu suporte para a criação da Superintendência para o Desenvolvimento do Nordeste (Sudene) em 1959 (ver Figura 1.8). Buscou na história, nas dinâmicas e potencialidades da região (agricultura, criação de ovinos e caprinos, bem como industrialização) os elementos que poderiam ajudar a dirimir o contexto de desigualdades no qual o Nordeste está historicamente inserido. Defendeu, ainda, que dois ativos precisariam ser mais bem distribuídos na região: a terra e a educação.

Figura 1.8 – Prédio da sede da Sudene em Recife, Pernambuco

A teoria do subdesenvolvimento de Furtado (1959) pode ser considerada uma crítica à incorporação do progresso técnico que contribuiria para reproduzir a dependência externa e a desigualdade social. O autor buscou, por meio da construção de um pensamento crítico a respeito do Brasil e dos processos que engendram sua formação econômica, refletir sobre os seguintes aspectos:

- » baixo grau de desenvolvimento da economia colonial brasileira;
- » atraso na formação do mercado interno;
- » eclosão tardia da industrialização;
- » subordinação da substituição de importações à lógica da modernização dos padrões de consumo;
- » fortes heterogeneidades produtivas, sociais e regionais;
- » cristalização da relação entre centro e periferia dentro do Brasil, com o agravamento das desigualdades regionais;
- » tendência ao desequilíbrio externo e à inflação estrutural;
- » dificuldade para consolidação dos centros internos de decisão autônomos;
- » retardo na definição de uma política econômica genuinamente nacional.

Podem ser encontradas na obra do autor profundas críticas ao modo como foi estruturada a formação socioespacial brasileira, cuja característica mais marcante ainda nos dias atuais é a relação que se estabelece entre política e mercado.

Fundamentando-se em Prado Junior (1942), Furtado (1959), Becker e Egler (1993) ou Santos e Silveira (2001), é possível observar divisões territoriais distintas do trabalho ao longo da formação socioespacial brasileira, as quais resultaram em dinâmicas regionais que promoveram configurações territoriais peculiares entre os séculos XVI e XXI, e sua expressão nas paisagens tem revelado diferenças e desigualdades no território brasileiro.

1.4 A formação socioespacial brasileira e sua importância para a compreensão das dinâmicas territoriais na contemporaneidade

Para facilitarmos a compreensão das dinâmicas territoriais contemporâneas no contexto da formação socioespacial brasileira, realizaremos uma breve periodização, com o intuito de identificar ações e processos desenvolvidos ao longo da história pelos agentes modeladores do espaço (Corrêa, 1989b) que ajudaram a promover usos diferentes e desiguais no território brasileiro.

Como ponto de partida, é preciso considerar que, ao longo de sua história, sociedades distintas estabelecem, por meio do trabalho humano, diferentes usos do território, que apresentam um complexo conjunto de dinâmicas e interações espaciais. Quando o homem deixa de viver de modo nômade e emprega esforços no desenvolvimento de atividades diversas que darão sustento às práticas agrícolas – como criação e produção de artefatos técnicos (pá, enxada, arado), manuseio da terra, rotatividade de culturas, seleção de sementes –, ele passa a alterar a dinâmica espacial, uma vez que seu trabalho gera processos variados de interações espaciais.

Definidas por Corrêa (1997) como elementos que "constituem um amplo e complexo conjunto de deslocamento de pessoas, mercadorias, capital e informação sobre o espaço geográfico", as interações espaciais apresentam padrões variados no espaço e no tempo. E, como parte integrante do processo de transformação social, elas refletem as diferenças entre lugares e relações assimétricas de agentes e instituições que animam o espaço geográfico, o qual é definido por Santos (2008a, p. 63) como "um conjunto indissociável, solidário e também contraditório de sistema de objetos e sistemas de ações". Você pode estar se perguntando: O que esse conceito expressa? O que Milton Santos estava querendo dizer?

Acompanhando o pensamento do referido autor, devemos considerar que as ações humanas, ao promoverem a criação de normas (leis, decretos, portarias etc.) e objetos (casas, estradas, portos etc.), expressam as intencionalidades de agentes como o Estado e as empresas, contribuindo para o estabelecimento de empreendimentos, infraestruturas e políticas que geram, a um só tempo, diferenciação e desigualdades. O espaço geográfico é, portanto, uma instância da sociedade (Santos, 2008a), pois, como observado por Isnard (1978), sociedade e espaço são indissociáveis.

Podemos compreender a reconstituição da formação socioespacial brasileira por meio das sucessivas divisões territoriais do trabalho a partir do século XVI, quando o litoral brasileiro – e depois o interior – passou a ser alvo de incursões de portugueses, franceses e holandeses com o objetivo de atender a demandas de seu mercado em terras europeias. Ainda que parte das terras que atualmente correspondem ao território brasileiro tenha sido definida em 1494 por meio do Tratado de Tordesilhas, foi apenas a partir de 1534, com a compartimentação do território em capitanias hereditárias, que a ocupação ocorreu de modo mais efetivo. A Figura 1.9 é um mapa antigo que, segundo Cintra (2015, p. 13), foi elaborado em meados de 1586 e exibe a espacialização das capitanias hereditárias no território brasileiro, delimitadas na direção oeste pela linha vertical do Tratado de Tordesilhas.

Figura 1.9 – Espacialização das capitanias hereditárias e do Tratado de Tordesilhas

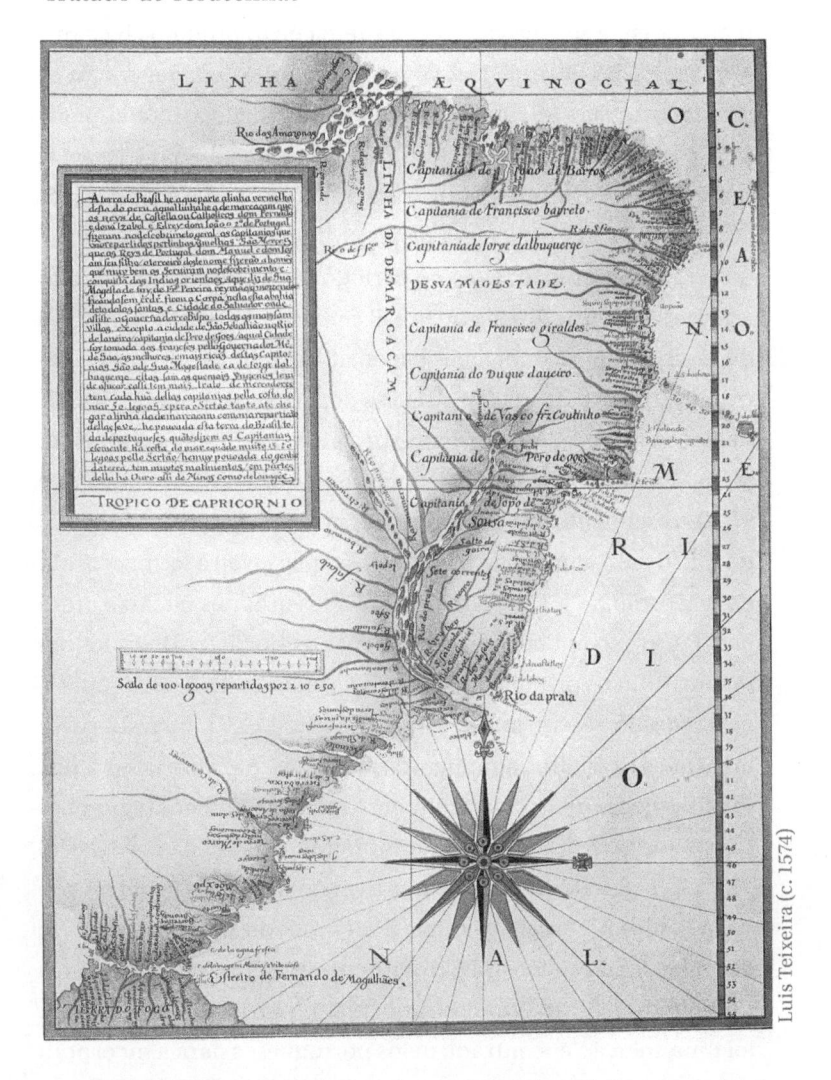

Luis Teixeira (c. 1574)

No século XVI, a dinâmica do território brasileiro estava basicamente restrita ao que atualmente corresponde à Região Nordeste.

Nesse período, a ocupação limitava-se à faixa litorânea, terras quentes e úmidas onde se produziam gêneros agrícolas, se extraía o pau-brasil e se cultivava a cana-de-açúcar, produtos bastante apreciados na Europa. Havia, portanto, propriedades rurais de grande extensão territorial, nas quais se utilizava, inicialmente, a mão de obra indígena e, posteriormente, de pessoas escravizadas vindas do continente africano para o cultivo e a colheita da cana-de-açúcar em sistema de *plantation*. Ressaltamos que um dos argumentos utilizados no período em que a mão de obra escravizada foi introduzida no Brasil consistiu na pouca adaptabilidade da população indígena ao modelo de trabalho imposto pelos colonizadores (Fausto, 2012). Disso decorreu o intenso tráfico de negros oriundos do continente africano, que, com os índios formam, segundo Ribeiro (1995), uma das matrizes do povo brasileiro.

O crescimento da exportação das matérias-primas produzidas no Brasil para atender ao mercado europeu levou à formação, ainda no século XVI, dos primeiros núcleos urbanos na faixa litorânea. Em artigo publicado em 1944, o geógrafo Pierre Deffontaines reconstituiu os primórdios da rede de cidades no Brasil, cuja origem, conforme esse autor, estaria no século XVI, quando se formaram os primeiros aglomerados urbanos. Ele apresenta ainda uma tipologia de cidades com base em suas funções (aglomerações de origem militar, cidades mineiras, cidades da navegação).

Foi a partir desse período que tiveram origem as primeiras desigualdades no Brasil, as quais podem ser observadas por meio das relações de subordinação entre colonizados e colonizadores. Como mostra Caio Prado Junior (1942), a própria "mestiçagem" foi uma solução encontrada pelos portugueses para a incorporação da população indígena e negra a seus objetivos. Essas relações, portanto, não foram pacíficas, mas pautadas em interesses econômicos e de dominação.

Entre os séculos XVI e XVII, além do cultivo da cana-de-açúcar e da produção açucareira, a criação de gado desempenhou um papel importante para a ocupação efetiva do território. Foi também um período marcado pelas bandeiras paulistas, expedições direcionadas aos sertões para obter metais preciosos e índios para serem escravizados. Foi apenas entre o final do século XVII e início do século XVIII, com as invasões holandesas, que a produção açucareira entrou em crise e deu-se início à "marcha para o oeste". Esta, aliada à descoberta de minerais preciosos na região das Minas Gerais, por exemplo, contribuiu para impulsionar o surgimento de novas cidades (Prado Junior, 1942; Fausto, 2012).

Essa situação, ao mesmo tempo que contribuiu para a perda de dinamismo no Nordeste, deslocou a "área core" da economia brasileira para a região que atualmente corresponde aos estados do Sul e do Sudeste do Brasil. As transformações na economia brasileira ao longo do século XVIII modificaram a configuração territorial daquele período, contribuindo para a criação de cidades e a abertura de estradas, dando acesso a áreas ainda não ocupadas.

Na segunda metade do século XVIII, a mineração começou a declinar, o que colaborou para o "renascimento da agricultura" (Prado Junior, 1942), que voltou a ocupar um lugar de destaque na economia colonial. Esse retorno está relacionado a dois eventos importantes: o incremento demográfico e a Revolução Industrial Inglesa (século XVIII), que passou a demandar matérias-primas como o algodão, utilizado no setor têxtil (Prado Junior, 1942).

É importante destacar que o desenvolvimento das distintas faces da economia colonial marcou a transição de um meio geográfico "natural" para um meio técnico quando os colonizadores passaram a transformar a natureza de modo mais intenso, sofisticando métodos e máquinas. Foi no século XIX que as regiões Sudeste e Sul do Brasil começaram a se projetar como as mais importantes do país do ponto de vista econômico. A produção do café e seu papel de destaque na pauta de exportação contribuíram para o fortalecimento do processo de urbanização, e seu capital ajudou a definir as bases do processo de industrialização.

Ainda no mesmo período, construíram-se no Brasil bases infraestruturais para permitir a mobilidade das pessoas e a fluidez das mercadorias. Podemos destacar construções como: a primeira ferrovia (1852), que ligava a Baía da Guanabara a Petrópolis, no Rio de Janeiro; a primeira estrada pavimentada, que permitiu a ligação entre Petrópolis e Minas Gerais; e ainda a instalação dos primeiros telefones e da rede de energia elétrica. Esse conjunto de infraestruturas ou sistemas de engenharia deu suporte às atividades produtivas, sobretudo à industrialização, o que colaborou para intensificar o processo de urbanização em alguns subespaços do território brasileiro. Seu uso também repercutiu em benefícios para a população, que pouco a pouco passou a utilizá-los.

Além das infraestruturas que passaram a se estender em determinadas porções do território nacional, a partir do século XIX, a presença de imigrantes também se constituiu como um processo marcante, especialmente nas regiões Sul e Sudeste do Brasil. Em virtude da abolição da escravidão em 1888, necessitava-se de mão de obra assalariada para ser incorporada à cultura do café e à industrialização principiante. Segundo Mamigonian (2004), a mão de obra assalariada estrangeira, sobretudo europeia, incorporada à atividade cafeeira deve ser considerada como elemento importante para a compreensão dos mecanismos que engendraram o processo de industrialização brasileiro iniciado no século XIX. Para o autor, esse processo provocou significativas transformações de ordem econômica, social e populacional nas cidades.

Dada a complexidade de sua dinâmica, Mamigonian (2004) afirma que não se pode compreender a origem do processo de industrialização no Brasil sem considerar que se trata de um fenômeno não apenas econômico, mas social. De acordo com Scarlato (1981), a industrialização de São Paulo contribuiu para a ampliação do poder aquisitivo das populações urbanas e influenciou intensamente o processo de urbanização e o descontentamento de setores operários, que demandavam uma política mais industrialista. Conforme Santos (2008b, p. 30),

> É com base nessa nova dinâmica que o processo de industrialização se desenvolve, atribuindo a dianteira a essa região [Sudeste], e sobretudo ao seu polo dinâmico, o estado de São Paulo. Está aí a semente de uma situação de polarização que iria prosseguir ao longo do tempo, ainda que em cada período se apresente segundo uma forma particular.

Até as primeiras décadas do século XX, a economia brasileira pautava-se no modelo agroexportador, e o território era pouco integrado. Havia diversas áreas especializadas na produção de um ou mais produtos primários para a exportação. Essas áreas apresentavam dinâmicas próprias e vínculos mais estreitos com os países com que comercializavam do que com outras regiões brasileiras (Furtado, 1959). Até o século XX, falava-se de um Brasil arquipélago, drenado por vias de transporte situadas nos eixos produtivos em direção a um porto marítimo (Santos, 2008b; Théry; Mello, 2005).

A transição do modelo econômico agroexportador para o modelo de integração urbano-industrial marcou a consolidação do mercado interno e a integração do território nacional. Esses processos foram efetivados por meio da construção de infraestruturas, políticas e ações de planejamento que começaram a ser delineadas, ainda nos anos de 1940, com caráter mais econômico e pontual. A partir dos anos de 1945 a 1950, a industrialização ganhou novo ímpeto. São Paulo se afirmou como grande metrópole fabril, e a indústria do Sul e do Sudeste do Brasil passou a demandar mais matéria-prima de outras regiões, especialmente do Nordeste. Ainda assim, de acordo com Corrêa (2011), o território era pouco integrado e as redes ferroviárias eminentemente regionais, articulando territórios no âmbito da região em torno de uma grande cidade.

Corrêa (2011) afirma ainda que, nos anos 1950, era possível observar, no espaço rural e no espaço urbano das cidades brasileiras, as seguintes características:

» espaço rural – modernização do campo, complexos agroindustriais (CAIs), definição de novas áreas de produção (Amazônia e Cerrado, por exemplo);
» espaço urbano – relevância do desenvolvimento da atividade industrial para o surgimento de novas dinâmicas nas cidades pequenas e médias, além das capitais, redefinição do tráfego aéreo, desenvolvimento das telecomunicações, contribuindo para ampliar o espaço de fluxos e tornando a circulação interna mais ágil.

É relevante destacar que foi apenas nos anos 1960 que a articulação entre o campo e a cidade se realizou de modo mais claro. Essa articulação se deveu, sobretudo, à ampliação das redes de comunicação e da malha rodoviária, construída principalmente no governo de Juscelino Kubitschek (1956-1961) e durante o regime ditatorial militar (1964-1985). É nesse sentido que Santos (2008b) declara que, entre as décadas de 1960 e 1980, tivemos a preparação das bases para a fluidez territorial, tendo sido os militares os responsáveis por criar as condições de uma rápida integração do país.

Todavia, essa integração não significou a eliminação das desigualdades socioespaciais, pois os fluxos migratórios em direção ao Sudeste brasileiro, especialmente São Paulo e Rio de Janeiro, foram acentuados. Nem todos os migrantes conseguiram usufruir das amenidades que a vida na grande cidade poderia oferecer: ocorreu uma grande concentração de pobres nas cidades e, com o aumento da demanda por serviços públicos, os problemas se agravaram.

No final dos anos 1960, grandes porções do território brasileiro ainda não estavam integradas às redes de telecomunicações. A integração progressiva das principais cidades do Brasil só ocorreu a partir de 1969, começando pelo Centro-Sul e finalizando no Norte-Nordeste (Théry; Mello, 2005).

Nos anos 1970, houve uma nova revolução nos sistemas de telecomunicações, o que contribuiu para a expansão do meio geográfico, que, de acordo com Santos (2008a), tornava-se cada vez mais técnico-científico-informacional. Essa revolução colaborou ainda para a criação daquilo que Diniz e Gonçalves (2005) denominaram de *sociedade do conhecimento*, cenário em que o trabalho intelectual se torna cada vez mais valorizado. Para Diniz e Gonçalves (2005, p. 131), tem sido crescente "a importância do capital intelectual e de seus efeitos no processo de inovação e pesquisa", sendo necessários investimentos em pesquisa e desenvolvimento.

Ao se intensificar, a urbanização acelerada contribuiu para o surgimento e o acirramento de problemas nas cidades relacionados à segurança pública, à poluição dos rios, ao destino dos resíduos sólidos e líquidos produzidos, à pobreza urbana e à segregação espacial (Souza, 1996). A população demandava, sobretudo, a partir dos anos 1960, a ampliação da oferta de serviços e equipamentos urbanos, bem como a formulação de políticas para resolver os problemas e necessidades inerentes a esse novo modo de vida. No período, o governo e a sociedade brasileira partilhavam a ideia de que o planejamento seria o caminho pelo qual o subdesenvolvimento poderia ser superado. As políticas eram formuladas com base no paradigma keynesiano, que pregava a intervenção do Estado como um processo fundamental para o desenvolvimento das regiões brasileiras.

Com base nesse paradigma, a Comissão Econômica das Nações Unidas para a América Latina e o Caribe (Cepal) orientou, nos anos 1960, o crescimento industrial, tendo em vista uma concepção segundo a qual o Estado deveria participar do desenvolvimento tendo a indústria como item central. Nesse sentido, o capital privado deveria ser visto como um aliado, e o planejamento econômico, como um meio para organizar esse crescimento.

Assim, de 1959 até os anos 1970, foram criadas instituições financeiras, comissões e superintendências que tinham por fim resolver o problema das desigualdades regionais no país e colocar as regiões mais desiguais em um novo patamar de desenvolvimento e crescimento econômico, por meio do planejamento. Nesse período, foram criadas instituições como a Superintendência para o Desenvolvimento do Nordeste (Sudene), a Superintendência para o Desenvolvimento do Centro-Oeste (Sudeco), a Superintendência para o Desenvolvimento do Sul (Sudesul) e a Superintendência para o Desenvolvimento da Amazônia (Sudam), órgãos criados com vista ao estímulo do desenvolvimento regional para combater as desigualdades (Furtado, 1959; Oliveira, 1981).

Na década de 1980, considerada, no âmbito econômico, como a década perdida, ocorreu o processo de democratização política e a retomada de lutas e movimentos sociais que haviam sido sufocados com o regime autoritário.

Na década de 1990, a ideologia neoliberal ganhou enorme expressividade no campo de ação político. Por meio dela, a ação do Estado tornou-se minimizada e a atuação das empresas que estavam sob seu comando passou a ser considerada onerosa pelos neoliberais. Assim, a partir do governo de Fernando Collor de Mello, ocorreu a privatização de várias empresas e bancos estatais. O sistema financeiro, em especial os bancos, expandiu-se, concentrando-se em subespaços privilegiados do território brasileiro. Ao longo desse processo de expansão, houve também um intenso processo de privatização e desnacionalização dos sistemas financeiros e bancários (Contel, 2006), conforme é possível observar no Quadro 1.2.

Quadro 1.2 – Bancos estaduais privatizados

Banco	Data do Leilão	Nº de funcionários*	Adquirente
Banco do Estado do Maranhão S.A. – BEM	10 fev. 2004	ND**	Bradesco S.A.
Banco do Estado do Amazonas S.A. – BEA	24 jan. 2002	ND**	Bradesco S.A.
Banco do Estado de Goiás S.A. –BEG	4 dez. 2001	ND**	Itaú
Banco do Estado da Paraíba S.A. – Paraiban	8 nov. 2001	390	ABN AMRO Bank Real
Banco do Estado São Paulo S.A. – Banespa	20 nov. 2000	20.098	Santander
Banco do Estado do Paraná S.A. – Banestado	17 out. 2000	7.683	Itaú
Banco do Estado da Bahia S.A. – Baneb	22 jun. 1999	2.825	Bradesco

(continua)

(Quadro 1.2 - conclusão)

Banco	Data do Leilão	Nº de funcionários*	Adquirente
Banco do Estado de Pernambuco S.A. – Bandepe	17 nov. 1998	1.641	ABN/AMRO
Banco do Estado de Minas Gerais S.A. – Bemge	14 set. 1998	7.104	Itaú
Banco de Crédito Real de Minas Gerais S.A. – Credireal	7 ago. 1997	2.413	BCN/ Bradesco
Banco Banerj S.A.	26 jun. 1997	ND**	Itaú
Banco Meridional do Brasil S.A.	4 dez. 1997	7.154	Banco Bozano

Nota: * na data do leilão; ** ND = Dado não disponível

Fonte: Elaborado com base em Brasil, 2019.

Nesse período, o Estado retomou os investimentos em infraestrutura e lançou programas de governo como Brasil em Ação e Avança Brasil. Criados, respectivamente, no primeiro e no segundo mandato do presidente Fernando Henrique Cardoso (FHC), os programas contribuíram para reforçar a infraestrutura energética, de transportes e de comunicação. Promoveu-se, portanto, a renovação da base material do território nos subespaços economicamente mais dinâmicos do Brasil.

Essa renovação continuou sendo estimulada nos governos de Luiz Inácio da Silva e Dilma Rousseff, por meio dos Programas de Aceleração do Crescimento (PAC) I e II. A diferença, no entanto, é que nestes dois últimos governos houve programas que alcançaram uma parcela expressiva da população de menor poder aquisitivo, especialmente aquela situada nas regiões Norte e Nordeste do país, por meio de programas derivados do PAC II. O Programa Minha Casa, Minha Vida (PMCMV) possibilitou o financiamento de moradia (habitação de interesse social), inclusive para os brasileiros enquadrados na faixa de renda 1 (que recebem de zero a três salários mínimos). A Tabela 1.1 apresenta a distribuição do número de unidades de habitação enquadradas no PMCMV, por região brasileira.

Tabela 1.1 – Quantidade de unidades habitacionais contratadas na faixa de renda 1 do PMCMV

Região	Norte	Nordeste	Centro-Oeste	Sul	Sudeste
Total	219.829	703.643	150.023	196.503	470.713

Fonte: Elaborado com base em Moreira; Silveira; Euclydes, 2017.

Além disso, programas de transferência de renda, como o Bolsa Família, de acordo com afirmam Bacelar (citada por Pimentel, 2013) e Silva (2017), tiveram um efeito dinamizador na economia de pequenas cidades e periferias do território brasileiro, sobretudo no Norte e no Nordeste do Brasil.

Nos dias atuais, o meio técnico-científico-informacional, impulsionado pela globalização, expressa um conjunto de redes técnicas (energética, de transporte, de informação) que ajudam a garantir interações espaciais em diversas escalas. Ainda assim, o território brasileiro, no campo e na cidade, continua marcado pelas desigualdades socioespaciais, as quais, como procuramos demonstrar ao longo deste capítulo, podem ser compreendidas por meio do estudo da formação socioespacial.

Indicações culturais

GARAPA. Direção: José Padilha. Brasil, 2009. 110 min. Documentário.

Para que você possa ampliar os conhecimentos adquiridos e aprofundar os conteúdos abordados neste capítulo por meio de outros recursos didáticos, sugerimos o documentário Garapa, *de 2009.*

Dirigido por José Padilha, essa produção aborda o cotidiano de três famílias que vivem no Ceará em situação de fome e escassez. Lançado em 2009, o filme discorre a respeito da temática da fome, cuja compreensão requer um conhecimento sobre as dinâmicas recentes do território brasileiro, mas também demanda informações acerca de sua formação socioespacial.

Síntese

Neste primeiro capítulo, apresentamos brevemente o conceito de espaço geográfico e suas abordagens pelas correntes do pensamento geográfico. A trajetória da ciência geográfica guarda inúmeras discussões teórico-metodológicas a respeito desse objeto de estudo, de seus conceitos e categorias de análise. Assim, o conceito de espaço sofre oscilações e significações distintas de acordo com o contexto histórico no qual está inserido e com as ideologias dos autores que o estudam.

O conceito de formação socioespacial foi elaborado em um período de efervescência das discussões acadêmicas e sociais. No Brasil, em um período de renovação do pensamento geográfico, o conceito foi utilizado na consolidação de novos fundamentos teóricos e epistemológicos da corrente de pensamento da geografia crítica, que colocou no centro das discussões o papel da geografia na sociedade. O espaço geográfico passou a ser um conceito-chave e objeto de estudo da disciplina.

Com base nas relações dialéticas existentes entre os elementos que compõem o espaço geográfico, as lógicas espaciais, resultantes do desenvolvimento desigual capitalista, passaram a ser objeto de análise. A influência dos estudos marxistas, dos modos de produção e das formações econômicas foi o alicerce do geógrafo Milton Santos para pensar o conceito de formação socioespacial, ao ponderar que as formações sociais e econômicas também são espaciais. As sociedades constroem seus espaços e as próprias formações socioespaciais.

Vários autores se dispuseram a explicar a formação socioespacial brasileira. A reconstituição das divisões territoriais do trabalho e suas relações espaciais e sociais foram utilizadas para explicar as diversas dinâmicas regionais, configurações e transformações pelas quais o Brasil passou no transcorrer dos períodos históricos. Assim, os processos e as heranças de formas e funções dos eventos geográficos que estruturaram a formação socioespacial brasileira auxiliam na compreensão das dinâmicas espaciais da contemporaneidade, principalmente no que tange às desigualdades socioespaciais materializadas nos espaços regionais e intraurbanos do território brasileiro.

Atividades de autoavaliação

1. Avalie as afirmações a seguir.
    I. No contexto de renovação do pensamento geográfico, o conceito de espaço geográfico ganha importância central; na perspectiva da análise crítica de matriz marxista, nasce o conceito de formação socioespacial.

II. Na corrente teórico-metodológica da nova geografia, o conceito de espaço geográfico corresponde à expressão da reprodução das relações sociais.

III. A geografia clássica, corrente teórica que ganhou importância nos anos 1990, teve como fundamento o método materialista-histórico e o conceito de formação econômico-social.

É correto o que se afirma em:
a) I, apenas.
b) II, apenas.
c) III, apenas.
d) I e II, apenas.
e) I, II e III.

2. Sobre a história do pensamento geográfico, avalie as afirmações a seguir.

I. A geografia brasileira produzida no decorrer do século XIX e em todo o século XX foi fortemente influenciada pelas matrizes francesas, que prestaram subsídios à atuação das empresas e do Estado.

II. A corrente de pensamento da geografia teorético-quantitativa contemplava perspectivas econômicas no cerne das problemáticas espaciais, incorporando modelos de análise e de explicação que atendiam a essa especificidade, como a teoria dos círculos concêntricos e dos lugares centrais.

III. A nova geografia foi uma vertente teórica relevante para a prática do planejamento estatal e privado.

É correto o que se afirma em:
a) I, apenas.
b) I, II e III.
c) II, apenas.

d) I e II, apenas.
e) II e III, apenas.

3. Leia o trecho a seguir.

> A obra de Furtado faz parte, em particular, de um "quase" gênero brasileiro: os livros sobre a formação de nossa sociedade. Não por acaso, como nota Paulo Arantes, boa parte dessa literatura ostenta a palavra "formação" no título. Para ficar apenas em poucos exemplos significativos: *Formação do Brasil contemporâneo* (1942), de Caio Prado Jr., *Formação econômica do Brasil* (1959), de Celso Furtado, e *Formação da literatura brasileira* (1959), de Antônio Candido. Além desses livros, *Casa grande e senzala* (1932), de Gilberto Freyre, ostenta na sua primeira edição o subtítulo "Formação da família patriarcal brasileira" e *Os donos do poder* (1959), de Raymundo Faoro, traz a explicação "Formação do patronato brasileiro". Por fim, a escolha do nome *Raízes do Brasil* indica que a mesma ordem de problemas inspirava Sérgio Buarque de Holanda quando escreveu seu livro, em 1933. (Ricupero, 2005, p. 372)

Considerando as afirmações mencionadas nesse trecho e no capítulo estudado, assinale a alternativa correta:

a) Caio Prado Junior, em sua obra *A formação do Brasil contemporâneo*, construiu reflexões sobre a formação socioespacial brasileira no contexto das transformações do período posterior à Segunda Guerra Mundial.

b) O sociólogo Celso Furtado formulou um sistema de ideias sobre o Brasil cujo objetivo central era discutir as bases étnico-raciais da população brasileira.

c) O geógrafo Darcy Ribeiro construiu uma leitura sobre o território brasileiro com base nas divisões territoriais do trabalho.
d) Celso Furtado elaborou a teoria do subdesenvolvimento. Entre as maiores críticas presentes em sua obra a respeito do modo como foi estruturada a formação socioespacial brasileira, está a relação entre política e mercado.
e) Segundo Celso Furtado, a posição periférica da economia brasileira poderia influenciar positivamente a distribuição de riquezas e a melhoria das condições de vida da população.

4. Assinale a alternativa correta:
   a) Durante o período colonial, o território brasileiro não apresentou divisões territoriais do trabalho, tendo em vista que o uso do solo era destinado apenas à atividade agrícola exportadora.
   b) Todas as organizações sociais, a população autóctone, os colonizadores e a sociedade que se formou após a chegada dos europeus construíram um sistema de interações espaciais e modificaram o espaço geográfico conforme suas relações sociais, influenciando na composição da formação socioespacial brasileira.
   c) Com a chegada dos europeus, o espaço brasileiro passou a ser utilizado de forma homogênea em toda a sua extensão, principalmente em sua porção interior.
   d) A atividade agrícola monocultora de cana-de-açúcar demandou mão de obra de indígenas e africanos com regime de salários.
   e) Não podemos considerar o período colonial um componente da formação socioespacial brasileira, pois, até o Tratado de Tordesilhas, o país não tinha uma extensão territorial nos moldes dos limites territoriais atuais.

5. Avalie as afirmações a seguir.
   I. As desigualdades ainda presentes na formação socioespacial brasileira têm na origem de seus problemas o processo de modernização conservadora ocorrido no campo brasileiro a partir da segunda metade do século XX.
   II. Podemos considerar a formação socioespacial brasileira, por meio de sucessivas divisões territoriais do trabalho, a partir da chegada dos europeus e da extração e produção de bens para suprir as demandas europeias.
   III. Foi com a divisão do território em capitanias hereditárias que ocorreu um processo de ocupação mais efetivo do espaço brasileiro no século XVI.

   É correto o que se afirma em:
   a) I, apenas.
   b) II, apenas.
   c) III, apenas.
   d) I e II, apenas.
   e) II e III, apenas.

Atividades de aprendizagem

Questões para reflexão

1. Leia o trecho a seguir.

   > Nesta perspectiva de análise crítica, de matriz Marxista, Santos (1978) construiu o conceito de Formação Sócio Espacial (FSE). Este conceito busca associar à lógica da produção/reprodução social ao espaço, indicando que, na mesma medida que o espaço geográfico é produzido socialmente, é, também ele, elemento constituinte da reprodução. O conceito de FSE constitui

> uma contribuição significativa como instrumento analítico do espaço geográfico. (Suertegaray, 2005, p. 28)

Com base na leitura do fragmento e do texto do capítulo, explique em que medida o conceito de formação socioespacial foi relevante no contexto de renovação das bases teórico-epistemológicas da geografia brasileira.

2. A concentração espacial dos núcleos urbanos na faixa litorânea, a urbanização acelerada e o processo de industrialização concentrado no Sudeste do país foram fatores que impactaram as formas e os conteúdos da formação socioespacial brasileira. Em meados dos anos 1960, o planejamento estatal buscou solucionar as desigualdades socioespaciais entre as regiões por meio do desenvolvimento regional. Escreva um pequeno texto no qual você reflita sobre a questão, destacando as consequências dessa ação.

Atividade aplicada: prática

1. Escolha uma cidade do estado em que você vive e, fazendo uso dos recursos de busca da internet e de fontes documentais, como as provenientes de órgãos de governo, construa uma matriz de periodização. Considere o período e o motivo do surgimento do núcleo urbano escolhido.
Na primeira etapa da pesquisa, é fundamental o levantamento de fontes históricas, como fotografias e mapas antigos.

   » A cidade tem mapas antigos?
   » Participou de divisões territoriais do trabalho pretéritas?
   » Em que período foram instalados os equipamentos de infraestrutura, como estradas, praças, escolas, meios de

transporte e igrejas? Foram instalados pelo Estado ou pela iniciativa privada?

» Que eventos modificaram a lógica espacial da cidade no percurso de sua formação territorial?

Em seguida, fazendo uso das informações obtidas, produza um texto e apresente os resultados de sua pesquisa.

Para facilitar a pesquisa, você pode obter informações no *site* oficial do Instituto Brasileiro de Geografia e Estatística (IBGE), no *site* da prefeitura da cidade pesquisada e em fontes bibliográficas. Para aprender mais sobre o que é matriz de periodização, sugerimos a dissertação do autor Daniel Huertas, disponível no *link* indicado a seguir.

HUERTAS, D. M. **Da fachada atlântica ao âmago da hileia**: integração nacional e fluidez territorial no processo de expansão da fronteira agrícola. Dissertação (Mestrado em Geografia) – Universidade de São Paulo, São Paulo, 2007. Disponível em: <http://www.teses.usp.br/teses/disponiveis/8/8136/tde-0910 2007-140247/pt-br.php>. Acesso em: 27 jul. 2019.

2
Globalização e suas implicações na formação socioespacial contemporânea do território brasileiro

A temática da globalização está sempre presente em nosso cotidiano. É comum assistirmos a matérias na TV ou lermos algum texto informativo na internet, em jornais e revistas com referências a problemas da economia mundial. A globalização constantemente é caracterizada como o elemento que ajudaria a explicar esses problemas. O fenômeno da globalização seria a expressão dos processos que comandam o mundo atual.

> Assim, neste capítulo, abordaremos o significado do processo de globalização e suas implicações na formação socioespacial brasileira. A configuração espacial e os processos presentes no meio urbano brasileiro na contemporaneidade têm sofrido influência direta dos vetores da globalização. Uma dessas variáveis é a reestruturação produtiva, que tem influenciado o conteúdo e as dinâmicas do espaço das cidades.

O fenômeno da globalização, apresentado como um imperativo histórico que condiciona as dinâmicas sociais, econômicas e dos territórios, foi amplamente discutido por autores como Celso Furtado (1999), Milton Santos (2008e) e Octavio Ianni (1998), pesquisadores de múltiplas formações que apresentam convergências e divergências a respeito da temática da globalização. O próprio uso do termo não é um consenso. Para Furtado (1999), por exemplo, há diferenças entre a globalização que abrange as atividades produtivas e constitui um processo antigo, decorrente da evolução tecnológica, e a globalização dos fluxos financeiros e monetários, que está situada em torno dos centros de poder, tendo os Estados Unidos como um de seus polos.

Com base nesse raciocínio, é possível considerar que o processo de globalização iniciado com as Grandes Navegações tem implicações na formação socioespacial contemporânea do território brasileiro. Isso porque, com o mercantilismo e o processo de colonização, o território, antes ocupado pela população autóctone, recebeu novos fluxos, e a exploração da terra pela atividade de *plantation* redirecionou os usos territoriais. Assim, a formação territorial brasileira, desde o seu limiar, tem sua configuração territorial e seu sistema de ações ditados por ordens distantes, pensadas no continente europeu. Nesse período, o elo entre as terras longínquas da metrópole europeia e a colônia localizada na margem oposta do Oceano Atlântico era possibilitado pelas embarcações marítimas. No Mapa 2.1, podemos perceber o destaque dado à presença dos navios. Essas embarcações transportaram pessoas, dinheiro, informações e ideias, o que permitiu o processo de internacionalização intercontinental.

Mapa 2.1 - Mapa *Terra Brasilis*, produzido aproximadamente entre 1523 e 1525

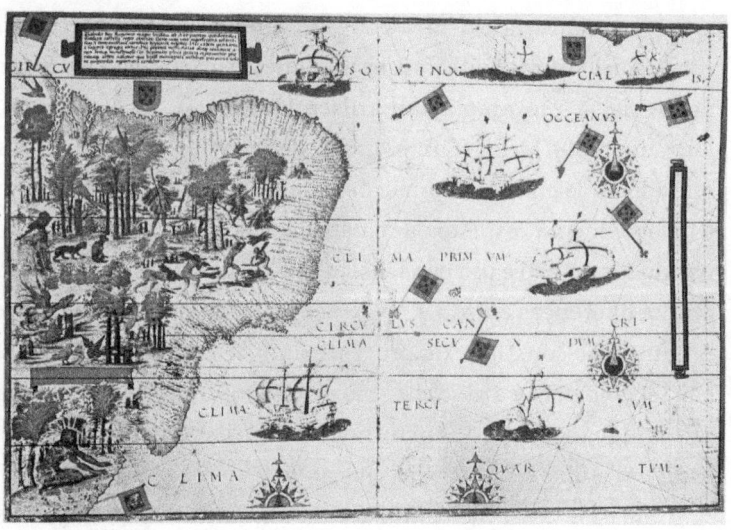

Pedro Reinel, Jorge Reinel, Lopo Homem (cartógrafos) e Antônio de Holanda (miniaturista)

Para compreender o processo de globalização, observa Santos (2008c), é preciso considerar o estado das técnicas e o estado da política – e sua inseparabilidade. Ou seja, o desenvolvimento da história das sociedades ocorre paralelamente ao desenvolvimento das técnicas, e as inovações tecnológicas são intermediadas pela política. Para o autor, na atualidade, a política tem, cada vez mais, a participação do mercado global, cujos protagonistas são, sobretudo, as empresas globais. Nesse sentido, a globalização econômica tem um papel importante nas novas dinâmicas do território brasileiro. Ela é, conforme os franceses Beaud et al. (1999), um conjunto de difusões, trocas e informações entre as diferentes partes do mundo.

Desse modo, embora a globalização mais abrangente das atividades produtivas seja resultado de uma dinâmica histórica mais longa, conforme aponta Furtado (1999), não se pode negar que foi no século XX, mais notadamente a partir dos anos 1970, que as relações capitalistas e seu modo de produção se tornaram mais intensos e complexos. As relações comerciais e de trabalho foram modificadas e surgiram importantes inovações tecnológicas (informática, robótica, nanotecnologia, por exemplo), as quais modificaram a estrutura econômica e social em escala mundial (Santos; Silveira, 2001; Peet, 1994, Benko, 2002b).

A globalização tem promovido o aumento das trocas e a complexidade da divisão internacional e territorial do trabalho, além de atuar como uma força que objetiva homogeneizar culturas, paisagens e hábitos de consumo. Trata-se de um processo irreversível que, ao mesmo tempo que oferece oportunidades seletivas, promove desigualdades socioespaciais.

Após esse panorama geral que contribui para situar a temática abordada, cabe então questionar:

» O que é a globalização?
» Qual é sua relação com a reestruturação produtiva?
» Quais são seus efeitos no território brasileiro?

Esses questionamentos serão respondidos ao longo das seções que compõem este capítulo.

2.1 Globalização: o que é?

A partir do século XX, capital, bens, serviços, tecnologia, informação e conhecimento passaram a circular em um espaço geográfico cada vez mais globalizado, onde os fluxos de riqueza e de poder se tornaram mais intensos. Esses fluxos globais têm alterado significativamente regiões e lugares. Por isso, Castells (1999) afirma que, a partir da globalização, as economias de todo o mundo tornam-se interdependentes.

É preciso considerar que, mesmo constituindo um fenômeno antigo, as consequências da globalização são mais acentuadas e evidentes na contemporaneidade, sobretudo em virtude das revoluções tecnológicas.

Ao promover a aceleração das trocas em esfera mundial, a globalização provoca transformações significativas no espaço geográfico, as quais não se restringem apenas a questões de ordem econômica, mas política, social, tecnológica e cultural. Segundo Santos (1994, p. 17), o espaço geográfico "também se adapta à nova era", sendo constantemente transformado pelas dinâmicas sociais e de natureza técnica, as quais são profundamente acentuadas.

A globalização, de acordo com Silveira (2003, p. 408), é um "período histórico no qual a ciência, a técnica e a informação vêm comandar a produção e o uso dos objetos, ao mesmo tempo que impregnam as ações e determinam as normas". Ou seja, a autora explicita uma mudança de paradigma que trouxe consequências no modo como o ser humano passou a produzir e transformar seu espaço. Na contemporaneidade, o poder da Igreja ou da monarquia não é mais determinante. Há uma nova "ordem mundial" instalada e, a partir dela, ciência, técnica e informação unem-se a serviço do mercado. Modificam-se as normas, produzem-se novos objetos e ressignificam-se as ações do Estado, que passa a desenvolver laços mais estreitos com as empresas.

É nesse sentido que o sociólogo Octavio Ianni (1998, p. 33) nos ajuda a refletir ao afirmar que a globalização "rompe e recria o mapa do mundo, inaugurando outros processos, outras estruturas e outras formas de sociabilidade, que se articulam e se impõem aos povos, tribos, nações e nacionalidades". Criam-se, portanto, nesse período histórico, novas relações entre o Estado, as grandes empresas e a sociedade em geral. Intensificam-se também os fluxos migratórios e a propagação de doenças e epidemias, antes controladas e circunscritas a determinados subespaços.

Ao longo dos últimos séculos, os grandes movimentos de migração internacional ocorriam da Europa ou dos países de economia mais dinâmica em direção aos países fornecedores de matéria-prima ou em desenvolvimento. No entanto, atualmente, conforme demonstra Patarra (2005, 2006), a direção desse movimento se inverteu. Os fluxos populacionais no período da globalização são muito mais Sul-Norte do que Norte-Sul; partem, pois, dos países em desenvolvimento para os países desenvolvidos. Para Porto-Gonçalves (2006), esses fluxos se explicam pela crescente desigualdade socioespacial dos países de origem, pela maior facilidade de transporte e comunicação e pelas chances de trabalho mais bem remunerado.

Uma contradição se instala no contexto das migrações internacionais. No período que se seguiu à Segunda Guerra Mundial, os países europeus, mais notadamente Inglaterra, França e Alemanha, tinham uma política de incentivo à entrada de imigrantes vindo de suas ex-colônias ou de países em desenvolvimento. Estes se apresentavam como mão de obra barata a ser utilizada para a reconstrução daqueles países. Nos dias atuais, esses países têm posicionamentos ou mesmo políticas claras de objeção à entrada de imigrantes oriundos de suas ex-colônias. Um dos motivos pelos quais os países desenvolvidos restringem a entrada de imigrantes é o desemprego, um dos efeitos da globalização da economia, que também atingiu as economias desenvolvidas. Desse modo, instalou-se uma situação de competição entre os trabalhadores locais e os imigrantes. Tal acontecimento tem gerado conflitos e perseguições constantes aos imigrantes, principalmente àqueles que se encontram em situação irregular.

Atualmente, restrições severas têm sido impostas à entrada de imigrantes nos territórios de destino, fato que tem sido registrado em matérias de jornais de circulação internacional, que denunciam o tratamento austero dado àqueles que, por via terrestre ou marítima, tentam ingressar nesses países, muitas vezes de modo clandestino.

Figura 2.1 - Imigrantes ilegais no Mar Mediterrâneo

De acordo com Patarra (2006, p. 8), "os movimentos migratórios internacionais constituem a contrapartida da reestruturação territorial planetária intrinsecamente relacionada à reestruturação econômico-produtiva em escala global".

É nesse sentido que Simonns (1987) busca esclarecer que os regimes de acumulação de riquezas dos Estados-nações estão também relacionados aos regimes demográficos. Nesse contexto, atentamos para a relevância das transformações provocadas pelos deslocamentos populacionais no âmbito da globalização. As migrações internacionais não devem ser vistas como fenômenos isolados ou de menor importância entre as questões que preocupam os Estados. Segundo Santos (2009, p. 163-164), "na era da globalização mais do que antes, os eventos são, pois, globalmente solidários, pela sua origem primeira, seu motor único".

No cerne da problemática discutida por Patarra (2006) está a necessidade de debates sobre a governabilidade das migrações internacionais via acordos entre governos, considerando-se ainda os papéis desempenhados por agentes econômicos, corporações e organismos internacionais, uma vez que as "políticas migratórias devem ser discutidas junto com políticas econômicas e comerciais, junto à OMC e OIT" (Patarra, 2006, p. 19).

Para os países de origem, a migração representa, muitas vezes, uma alternativa de renda para as famílias dos migrantes, que enviam remessas de dinheiro para seus países de origem. Conforme Patarra (2006, p. 20),

> os migrantes enviaram oficialmente mais de US$ 167 bilhões para suas famílias nos países em desenvolvimento no ano passado; os latino-americanos enviaram US$ 55 bilhões, e destaca o México, com aproximadamente US$ 17 bilhões; em segundo lugar o Brasil, com US$ 5,6; Colômbia com US$ 3,8; Haiti conforma com as remessas (1 bilhão) de 25% de seu PIB.

Para os países receptores, as migrações internacionais são, em alguns casos, vistas como um problema (uso dos equipamentos e serviços públicos), mas também como uma alternativa à absorção de mão de obra barata pelo mercado de trabalho. Por isso, elas devem ser observadas com atenção e consideradas em sua complexidade, pois não se trata apenas de ganhos ou perdas econômicas, mas de um problema que permeia as esferas social, política, jurídica e espacial, que envolve uma teia de poder em distintas escalas.

> Você sabia que no Brasil há uma lei de migração?
> Aprovada em 24 de maio de 2017, a Lei n. 13.445 dispõe sobre os direitos e deveres do migrante (Brasil, 2017). Ela é considerada por organizações não governamentais (ONGs) que atuam em defesa dos direitos dos migrantes como um avanço em relação ao Estatuto do Estrangeiro, criado durante a ditadura militar.

Para a estudiosa Doreen Massey (2017, p. 229), a globalização expressa contradições. A autora afirma que, ao mesmo tempo que o dinheiro circula livremente, "temos pessoas arriscando suas vidas no Túnel do Canal, e barcos cheios de pessoas afundando no Mediterrâneo". Há, nesse sentido, configurações espaciais que evidenciam o fato de que a globalização é um processo desigual, no qual grupos privilegiados usufruem do maior número de benefícios decorrentes dos avanços tecnológicos do atual período histórico enquanto a maior parte da população mundial é incluída apenas de modo parcial ou perverso.

Um exemplo dessa desigualdade é a persistência, atualmente, de doenças como a cólera, enfermidade infectocontagiosa que geralmente é transmitida por meio de água e alimentos contaminados. Sinaliza a carência de saneamento básico e água tratada.

No Mapa 2.2, é possível visualizar a concentração da doença no Hemisfério Sul, como no Sudeste Asiático, em alguns países da América Central e no continente africano, que conta com o maior número de casos registrados.

Mapa 2.2 - Áreas com casos de cólera registrados na OMS entre 2010 e 2014

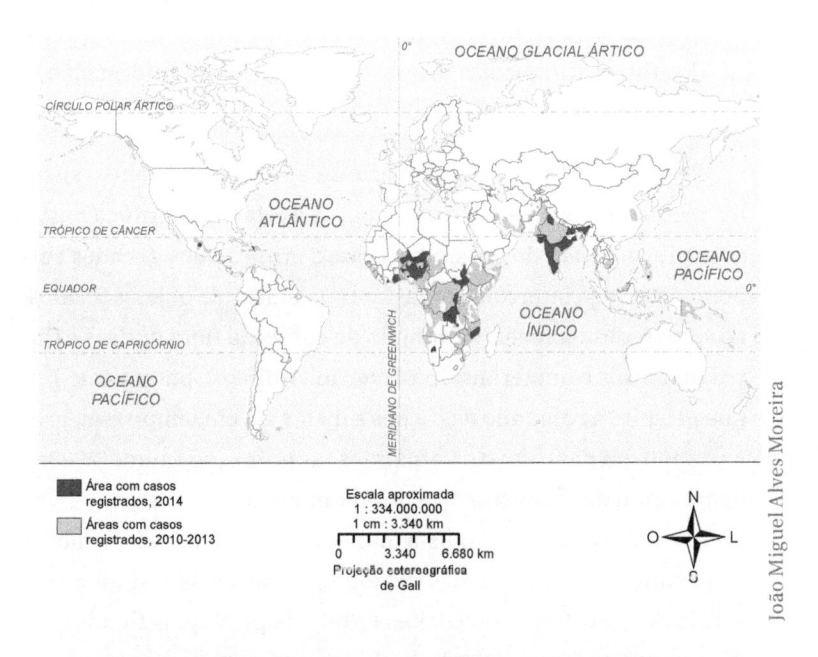

João Miguel Alves Moreira

A desigualdade de renda, tecnologia e acesso a bens e serviços é uma das características da globalização, mas Santos (2008e) destaca outras:

» comunicação e informação instantâneas;
» promoção de uma mídia universal, que manipula a informação e se esforça por tornar culturas e hábitos de consumo uniformes;

» possibilidade de promover novas dinâmicas na produção de bens e serviços, inclusive permitindo sua localização onde for mais conveniente a determinados interesses;
» comando econômico das grandes empresas mais centralizado em subespaços com maior força econômica;
» competição capitalista como o mais produtivo caminho para o desenvolvimento;
» caracterização das grandes cidades como pontos nodais dos fluxos (financeiro, de pessoas, transporte, informação e comunicação).

Ressaltemos que a globalização se apoia em um denso sistema técnico-científico-informacional. Ela cria e ressignifica redes geográficas, além de possibilitar que a atuação das grandes corporações esteja interconectada por uma malha de objetos fixados ao solo (redes técnicas, a exemplo de cabos de fibra óptica) e fluxos materiais e imateriais (informação, dinheiro, pessoas etc.), o que permite o comando das ações a distância em tempo real, promovendo um dado novo na dinâmica mundial que Santos (2008e) denominou de "convergência dos momentos".

Assim, o sistema capitalista mundial, amparado por seu modo de produção e suas relações de poder, expande-se e amplia sua escala de ação. Segundo Dicken (2010), os principais fluxos que dinamizam o sistema atual são fluxos de capitais, compra e venda de ações, títulos e moedas. O economista François Chesnais (1996, p. 239) afirma que "a esfera financeira representa o posto avançado do movimento de mundialização do capital, onde as operações atingem o mais alto grau de modalidade". É por isso que, ao ligarmos o aparelho de TV ou acessar as notícias pela internet, nos deparamos com tantas informações que envolvem termos como *ações*, *bolsas de valores* e *criação de novas moedas virtuais*. Existe um universo de informações em torno do funcionamento e da dinâmica dos fluxos de capitais.

Há, portanto, o fortalecimento do capital especulativo, embora se saiba que capitais produtivos (a indústria, por exemplo) continuam tendo importância, especialmente quando se considera o papel das indústrias e de outros empreendimentos econômicos na criação de disputas de mercado ou de locais para sua instalação.

Em sua tese, Cataia (2001), apresenta elementos que caracterizam um cenário de disputa por parte de algumas empresas no território brasileiro, as quais selecionam subespaços do território para sua instalação em virtude das vantagens que, por exemplo, o Estado (representado por seus entes federados: governos federal, estadual e municipal) pode lhes oferecer. Haveria, desse modo, uma "guerra fiscal", na qual as empresas acabam direcionando seus escritórios e filiais para os lugares que lhes forneçam melhores vantagens fiscais e locacionais, bem como infraestrutura adequada para promover a fluidez de suas mercadorias. Desse modo, o poder econômico, centrado em grandes empresas transnacionais e organismos internacionais, vem exercendo maior pressão sobre os Estados para que respondam a seus interesses, implicando uma readequação do papel desempenhado pelos Estados nacionais. Na Figura 2.2, estão identificadas as marcas controladas por dez corporações que produzem a maioria dos produtos consumidos em escala mundial.

Figura 2.2 – Dez corporações que produzem os produtos mais consumidos no mundo

Kraft	Unilever
Coca-Cola	Johnson & Johnson
Pepsico	P & G
Kellog's	Nestlé
Mars	General Mills

Podemos, pois, afirmar que, no período histórico atual, a globalização ratifica seu papel como propulsora de novas dinâmicas em diferentes escalas, demandando, para sua melhor compreensão, uma análise que perpassa a apreensão do mundo com base na seguinte trilogia proposta por Santos (2008): o mundo como fábula, como perversidade e como possibilidade.

> De fato, se desejamos escapar à crença de que esse mundo assim apresentado é verdadeiro, e não queremos admitir a permanência de sua percepção enganosa, devemos considerar a existência de pelo menos três mundos num só. O primeiro seria o mundo tal como nos fazem vê-lo: a globalização como fábula; o segundo seria o mundo tal como ele é: a globalização como perversidade; e o terceiro, o mundo como ele pode ser: uma outra globalização. (Santos, 2008e, p. 18)

A relação entre esses três mundos e a globalização é evidente na obra do referido autor, para o qual o mundo como fábula relaciona-se aos discursos construídos em torno da globalização, que erigem como verdades um conjunto de fabulações ou fantasias. Para Santos (2008e), uma dessas fábulas diz respeito à ideia de que há um mercado avassalador capaz de homogeneizar o mundo. Contrariamente às tendências homogeneizadoras, há também um processo de aprofundamento das diferenças locais.

Conforme os argumentos de Santos (2008e), podemos identificar objetos, paisagens e locais semelhantes em várias partes do mundo. Entretanto, alguns lugares apresentam movimentos de resistência diante do processo de homogeneização. Entre os fatores que explicam a existência de reações contrárias às tendências homogeneizadoras estão grupos sociais que tentam resistir ao processo por meio de ações afirmativas, bem como as limitadas condições técnicas, políticas e econômicas de alguns lugares, que restringem a resolução de problemas decorrentes da globalização.

> Estratégias de consumo geralmente utilizadas no meio publicitário nos apresentam hábitos e costumes que se transformam em desejos e mercadorias e se traduzem em objetos a serem comprados. A relação entre o desejo e consumo tem fixado como verdade e/ou necessidade um conjunto de fabulações. Você já refletiu sobre isso? Neste momento, quais exemplos vêm à sua mente?

Ainda com base em Santos (2008e), é possível observar a existência de um segundo mundo ou uma segunda forma de compreender a globalização: como de fato ela é, ou seja, um processo perverso. Segundo o autor, essa globalização perversa se expressa no aumento da pobreza, da fome e do desabrigo, que se generaliza em todos os continentes, além dos grandes fluxos migratórios de populações de ex-colônias europeias em direção aos países de seus antigos colonizadores, em busca de um refúgio na fuga de constantes conflitos armados, catástrofes naturais e fome e movidos pela esperança em um futuro melhor (Gráfico 2.1).

Gráfico 2.1 – Número de pessoas subalimentadas no mundo, 2005-2017

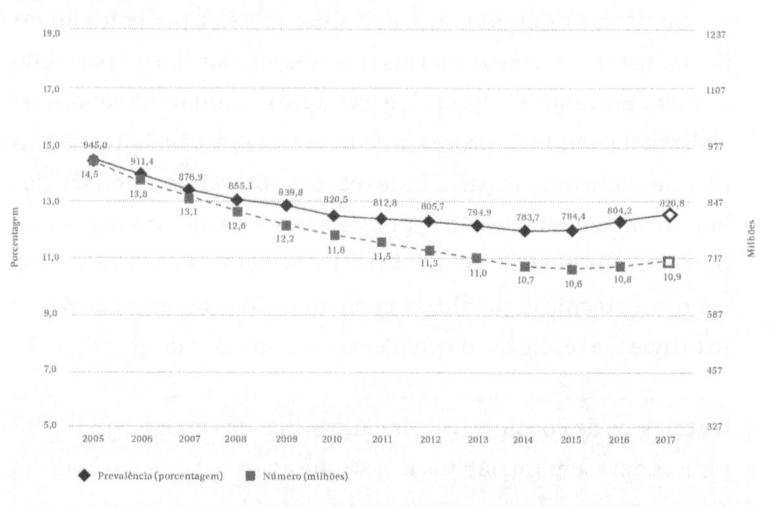

Ano	Prevalência (porcentagem)	Número (milhões)
2005	14,5	945,0
2006	13,8	911,4
2007	13,1	876,9
2008	12,6	855,1
2009	12,2	839,8
2010	11,8	820,5
2011	11,5	812,8
2012	11,3	805,7
2013	11,0	794,9
2014	10,7	783,7
2015	10,6	784,4
2016	10,8	804,2
2017	10,9	820,8

Fonte: FAO et al., 2018, p. 3, tradução nossa.

Há, ainda, uma terceira forma de compreender o mundo e o processo de globalização que nele se expressa. São as possibilidades de construir outro paradigma, outra globalização. Com base em Santos (2008e), seria a construção de uma globalização que proporcionasse resultados mais favoráveis ao desenvolvimento humano e social, aproveitando-se dos fatos indicativos de uma nova história da humanidade, entre os quais se destaca a enorme mistura de povos, culturas e filosofias.

A globalização também incita o surgimento de sistemas produtivos, relações entre lugares e uma maior complexidade da rede urbana, inclusive em países de formação periférica como o Brasil. Segundo Sassen (2004), como condição favorável, apresenta-se igualmente a emergência de novas escalas espaciais. Por meio das cidades globais, promovem-se relações diretas nos âmbitos local, regional, nacional e global. Desse modo, conforme Sassen (2004, p. 13-14, tradução nossa), as atividades econômicas globalizadas "são profundamente enraizadas no espaço" e sua análise permite desvendar "múltiplas dinâmicas numa rede de lugares". Como parte dessa dinâmica espacial, acentuam-se ainda processos de desconcentração industrial, desconcentração espacial dos capitais e atividades produtivas.

Esse conjunto de transformações da dinâmica do capital em diferentes escalas tem gerado novas formas de atuação do Estado e das grandes empresas no contexto da globalização. Autores como Harvey (1996), Mészáros (1989) e Gottdiener (1990) também utilizam essas proposições ao estudar as implicações da reestruturação produtiva no espaço geográfico e as mudanças que o modo de produção tem causado na dinâmica das cidades e nas relações sociais, impondo um novo modo de vida.

2.2 A globalização e a reestruturação produtiva do território brasileiro

O sociólogo Mark Gottdiener (1990) assinala que as perspectivas sobre a reestruturação dos territórios apresentam uma característica comum: as recentes mudanças no capitalismo provocadas pelas crises, especialmente a partir dos anos 1970, são responsáveis pela reorganização das estruturas espaciais e das relações entre as cidades e o sistema urbano. Segundo Castells (1999), a reestruturação é explicada pela tecnologia, que gera uma nova forma espacial. Os avanços nos transportes, as novas tecnologias da informação e a adoção de um modo de produção flexível contribuem para que os fluxos e as conexões da produção e do consumo assumam, nos distintos territórios, uma lógica de funcionamento em rede (Veltz, 1999).

No Brasil, os processos de abertura econômica e reestruturação produtiva estão relacionados ao que Harvey (1996) definiu como mudança de acumulação do regime capitalista, do taylorismo para o modo de acumulação flexível (toyotismo). São transformações políticas, sociais e de produção – esta última assumindo características herdadas do toyotismo.

Trata-se de uma produção que se volta diretamente para a demanda, sem que haja a necessidade de formação de estoque. Há também o controle de qualidade integrado à produção, em que se pode verificar a ocorrência de erros e rejeitar imediatamente as peças produzidas que não o satisfaçam. No Quadro 2.1, é possível observar as diferenças e as semelhanças que caracterizam o taylorismo, o fordismo e o toyotismo.

Quadro 2.1 - Diferenças entre taylorismo, fordismo e toyotismo

Taylorismo Frederick Winslow Taylor	Fordismo Henry Ford	Toyotismo Eiji Toyoda
» Concepção, planejamento e execução da produção ocorrem separadamente. » Trabalho é decomposto em tarefas simples e repetitivas. » Controle do tempo e dos movimentos dos trabalhadores.	» Aperfeiçoou o modelo de Taylor. » Utilização de uma linha de montagem para garantir agilidade à produção. » Produção em grandes lotes. » Padronização da produção. » Seu objetivo eram os ganhos constantes na produtividade. » Incorpora, como o taylorismo, um projeto social de "melhoria das condições de vida do trabalhador".	» Automação flexível. » *Just-in-time*[1]. » Produção em pequenos lotes. » Envolvimento do trabalhador no controle da produção e da qualidade do produto. » Automação microeletrônica utilizada para produzir novas formas de controle.

Fonte: Elaborado com base em Heloani; Capitão, 2003.

i. O *just-in-time* é um modelo administrativo criado no Japão, no início dos anos 1950, que visava à reorganização do ambiente produtivo. Baseia-se no princípio de que a quantidade de tudo o que é produzido deve ser estipulada pela procura. Desse modo, a produção ocorre somente em quantidades e momentos necessários, e os estoques deixam de existir. Os fabricantes japoneses alcançaram posições competitivas no mercado com a adoção do modelo.

Nesse contexto, há uma integração vertical das empresas. As grandes corporações subcontratam fornecedores com o objetivo de diminuir os custos com a produção e a distribuição das mercadorias. Também visam à redução de custos relacionados à contratação da força de trabalho, aos encargos trabalhistas, às despesas com transporte e alimentação dos funcionários, além de dispensarem mão de obra em períodos de baixa produção. No Brasil, no ramo de vestuário, empresas como Collins, 775 Brasil, Pernambucanas, C&A, Zara e Marisa fazem uso do processo de terceirização.

A rede de lojas C&A, de origem holandesa, segundo dados de Silva (2012), também adotou a subcontratação de fornecedores, que terceirizam a produção subcontratando oficinas. No ano de 2009, a empresa adquiria peças de fornecedores e oficinas existentes em dezesseis estados brasileiros, conforme os dados exibidos na Tabela 2.1, a seguir. Além disso,

> a C&A tem usado oficinas de costura na metrópole de São Paulo e no interior do estado. No caso de São Paulo, novamente a mão de obra imigrante supre o trabalho na etapa da costura. Conforme a SRTESP, há muitas oficinas de costura usando trabalho precarizado (migrantes do campo ou imigrantes), em algumas cidades do estado de São Paulo a produção é organizada em cooperativas. (Silva, 2012, p. 127)

Na cidade de São Paulo, existe uma concentração espacial das oficinas, nos bairros do Brás e do Bom Retiro. Esses subespaços passam a se inserir nos grandes circuitos globais de empresas nacionais e internacionais, que estão articuladas a pequenas oficinas de bairros por meio da subcontratação e das redes organizacionais das empresas e de seus processos produtivos. Assim, a globalização das corporações se materializa na metrópole de São Paulo.

Tabela 2.1 – Distribuição dos fornecedores e oficinas da rede C&A no Brasil em 2009

Estados	Fornecedores	Oficinas	%
São Paulo	262	1069	55,1
Santa Catarina	72	431	22,2
Minas Gerais	56	138	7,1
Rio Grande do Sul	46	102	5,3
Paraná	16	68	3,5
Rio de Janeiro	49	41	2,1
Rio Grande do Norte	2	34	1,8
Espírito Santo	14	26	1,3
Goiás	4	11	0,6
Ceará	8	10	0,5
Mato Grosso do Sul	7	6	0,3
Bahia	9	3	0,2
Mato Grosso	0	1	0,1
Pernambuco	4	1	0,1
Paraíba	4	0	0
Sergipe	3	0	0
Total	**556**	**1941**	**100**

Fonte: Silva, 2012, p. 144.

Com esse exemplo do setor de vestuário, podemos perceber que o atual estágio da urbanização brasileira está relacionado à reestruturação produtiva e tem se caracterizado por transformações expressivas na reconfiguração espacial da rede urbana e também da natureza. Nesse sentido, observam-se dinâmicas de concentração e mobilidade que refuncionalizam polos e periferias, o que provoca valorização imobiliária e ativação desse mercado, projetando uma nova forma urbana que tem resultado em uma reconfiguração das cidades e das metrópoles.

2.3 O processo de globalização e suas repercussões nas dinâmicas urbanas recentes

A reestruturação produtiva está relacionada a mudanças tecnológicas e organizacionais que geram novas modalidades de gestão da produção. Ela é, portanto, a maneira que o capital internacional encontrou de combater a crise do processo de acumulação que atingiu o mundo nos anos 1970, ampliando a lógica predatória do capital (Harvey, 1996).

De acordo com Benko (2002b), a reestruturação produtiva implicou mudanças no modo de produção e consumo, uma redefinição do controle ideológico e uma nova divisão social e espacial do trabalho. Trata-se de um processo que se tornou mais evidente nos países subdesenvolvidos, subordinados ao capital internacional, ao apresentarem relações que expõem contratos trabalhistas flexíveis, redução do emprego regular e uma tendência crescente ao trabalho informal. São, sobretudo, mudanças sociais e normativas que conduzem os países à incorporação de uma nova forma de organização produtiva.

Todas as mudanças anteriormente descritas produzem impacto nos territórios, promovendo alterações significativas no espaço urbano. Há, nesse sentido, um processo de qualificação e desqualificação do espaço em virtude das funções e dinâmicas nas quais está inserido, com implicações na organização da rede urbana. Podemos afirmar, assim, que a reestruturação produtiva contribuiu para promover mudanças na configuração espacial das cidades e regiões brasileiras.

A autora Sandra Lencioni (1994) assevera que essa reestruturação teve um impacto profundo na rede de relações das cidades, sobretudo em função da infraestrutura, que se modernizou e criou novas funcionalidades. Com isso, há um novo arranjo espacial que, segundo a autora, não é apenas urbano, mas também regional, e se caracteriza pelos seguintes aspectos:

» mudança da inserção regional na divisão do trabalho;
» localização das empresas privilegiadas por interesses internacionais e nacionais, que reforçam o padrão concentrador das grandes corporações,
» grande abrangência científica e tecnológica e infraestrutura viária;
» alta densidade urbana.

Nesse contexto de transformações e novas dinâmicas que permeiam as cidades e regiões brasileiras, é preciso superar vários desafios, como a gestão das funções públicas, o desenvolvimento regional, a falta de suporte de planejamento e de políticas públicas que se traduzam em efeitos sociais e ambientais positivos. Dessa forma, a reestruturação produtiva não se limita a transformações apenas de ordem técnica, tecnológica ou organizacional, uma vez que permeia a necessidade de ajustes neoliberais, e o mercado tem passado a desempenhar um papel de agente regulador de serviços básicos à população, como segurança pública, saúde e educação. Em um contexto de deficiência ou precarização de serviços prestados pelo Estado, parte da população que tem alto poder aquisitivo recorre aos serviços prestados por empresas privadas para acessar serviços relacionados à saúde e à educação, por exemplo.

No Brasil pós-1970, houve um processo de desconcentração industrial no Estado de São Paulo, tornando a localização das indústrias paulistas cada vez mais dispersa (Diniz, 2009). Mesmo assim, não se pode negar a importância que a Região Concentrada[ii] continua tendo atualmente (Santos; Silveira, 2001). Esse processo de desconcentração industrial está relacionado à implementação de políticas de desenvolvimento regional, que, entre outros resultados, culminou no que se denominou "guerra dos lugares"[iii].

As atividades produtivas passaram, no período pós-1970, a ser distribuídas da seguinte maneira: os maiores centros metropolitanos concentram atividades de decisão, inovação tecnológica e pós-venda, e as regiões e outros subespaços do território passam a se caracterizar por atividades produtivas de ramos mais tradicionais. Assim, segundo Sposito (2015), a difusão das dinâmicas produtivas está associada ao aprofundamento do novo processo de urbanização no Brasil, que concentra nos centros mais dinâmicos do país, sobretudo aqueles situados no Sudeste e no Sul, as principais atividades que demandam inovação tecnológica. As demais regiões do país apresentam subespaços de modernização. No Nordeste, em meio a áreas de atividades tradicionais existem "ilhas de atividades modernas", de grande capital. Um exemplo

---

ii. Expressão utilizada por Santos e Silveira (2011) para fazer referência aos estados de São Paulo, Rio de Janeiro, Minas Gerais, Espírito Santo, Paraná, Santa Catarina e Rio Grande do Sul, que se caracterizam pela implantação mais consolidada de objetos e ações permeados de ciência, técnica e informação. A distribuição da população e do trabalho em grandes cidades também é um traço marcante dessa região.

iii. Termo utilizado para explicar a competição entre os lugares para atrair empresas e investimentos.

dessa dinâmica é o complexo industrial e portuário de Suape, localizado no Estado de Pernambuco (Figura 2.3), que está interligado a todos os continentes do mundo, por meio de 160 portos.

Figura 2.3 - Complexo Industrial Portuário de Suape, em Pernambuco

Raphael de Barros Lima/Shutterstock

Ocorre, assim, a redefinição de relações de subordinação e comando no contexto do território nacional, com o suporte do Estado brasileiro, especialmente no que concerne à renovação da base material do território, por meio da ampliação de infraestrutura. O Programa de Aceleração do Crescimento (PAC) é um dos exemplos do papel que o Estado tem desempenhado ao longo dos últimos anos, dispensando investimentos para cidades pequenas e médias do território, mas ainda promovendo investimentos na Região Concentrada.

Assim, encerramos o capítulo concluindo que, com o processo de globalização, as cidades têm apresentado importante reestruturação econômica e de infraestrutura, alterando seus ritmos em função do capital externo. Entre as principais consequências desse processo, destacam-se a maior mobilidade de pessoas, a fluidez de mercadorias, o acentuado uso do solo urbano pelo mercado imobiliário e uma expressiva rede de relações estabelecidas entre a cidade e a região. Não é possível, portanto, dissociar a reestruturação urbana da reestruturação econômica.

Indicações culturais

ENCONTRO com Milton Santos ou O mundo global visto do lado de cá. Direção: Silvio Tendler. Brasil, 2006. 90 min.

O documentário produzido pelo cineasta Silvio Tendler e lançado em 2006 se desenvolve em formato de entrevista com o geógrafo baiano Milton Santos. As ideias do intelectual acerca das características e dos efeitos do processo de globalização são apresentadas com base em situações vivenciadas por países e povos periféricos. Ao longo do filme, são expostos diversos fatos que evidenciam problemas experienciados por diversas nações do mundo. São abordadas também saídas encontradas pela periferia e movimentos de contrarracionalidade que têm surgido como reação aos efeitos da globalização.

Síntese

O objetivo deste capítulo era aprofundar seus conhecimentos sobre o paradigma da globalização, processo que na contemporaneidade tem provocado transformações e rearranjos nos lugares e nas formações socioespaciais. Você pôde perceber que a internacionalização das sociedades não se constituem um fenômeno recente, mas causou desdobramentos de enorme expressividade na contemporaneidade.

Atualmente, os conteúdos da globalização estão alicerçados nas variáveis do período técnico-científico-internacional, o que possibilitou a rápida conexão entre lugares distantes e a capilarização de fluxos materiais e imateriais, como de dinheiro, atores sociais, ideias, informações e, principalmente, corporações. As redes geográficas permitiram o funcionamento global de um sistema financeiro e o fortalecimento do capital especulativo. Assim, o fenômeno da globalização transformou a dinâmica do capital em diferentes escalas e reformulou a atuação do Estado e das instituições.

As crises do sistema capitalista têm reorganizado e reestruturado a produção e o sistema espacial urbano, e o modo de produção flexível possibilitou a ocorrência de grandes circuitos espaciais produtivos. Os processos produtivos, que antes ocorriam em esferas regionais, atualmente transcendem essa escala, tornando-se globais. O processo de globalização e reestruturação produtiva tem causado desdobramentos na dinâmica das cidades. Os espaços urbanos foram requalificados em função da rede urbana na qual estão inseridos e há uma multiplicidade de redes, fluxos e conexões. A reconfiguração da topologia da rede urbana reserva às metrópoles nacionais o papel de centro de gestão do território, de difusão tecnológica e das redes internacionais, atribuindo-se às cidades locais a realização de atividades tradicionais.

Atividades de autoavaliação

1. Assinale a alternativa correta:
    a) Entre os estudiosos da globalização há um consenso de que as relações existentes entre as nações no período das Grandes Navegações não constituem eventos históricos inerentes ao limiar da globalização.

b) O processo de globalização é um imperativo histórico e tem suas origens nos processos econômicos resultantes da Crise de 1929.

c) Os processos produtivos das grandes corporações, na contemporaneidade, têm suas sedes de comando e gestão nos países periféricos, situados no Hemisfério Sul.

d) Segundo estudiosos, a globalização atualmente é entendida como um conjunto de difusões, trocas e informações entre as diferentes partes do mundo.

e) A globalização dos fluxos financeiros e monetários constitui um processo antigo, que corresponde ao período mercantilista, de colonização de vários territórios do globo pelas nações europeias.

2. Analise as afirmações a seguir.

I. Com a revolução tecnológica, ocorrida nos anos 1970, o modo de produção e as relações capitalistas foram intensificadas e tornaram-se mais complexas. Esse evento ressignificou e intensificou o processo de globalização.

II. Com a globalização, os fluxos de dinheiro, informação e riquezas se tornaram mais intensos e interconectados por meio de redes materiais e imateriais presentes no espaço geográfico.

III. No momento atual, o sistema financeiro conecta em uma rede internacional os países de maior PIB (produto interno bruto). Os países pobres não se inserem nesse núcleo financeiro mundial, já que redes (como o sistema bancário) não estão fixadas em seus territórios

É correto o que se afirma em:

a) I, apenas.
b) II, apenas.

c) I e II, apenas.
d) I e III, apenas.
e) I, II e III.

3. (Enade-2017) O espaço global seria formado de redes desiguais que, emaranhadas em diferentes escalas e níveis, se sobrepõem e são prolongadas por outras, de características diferentes. O todo constituiria o espaço banal, isto é, o espaço de todos os homens, de todas as firmas, de todas as organizações, de todas as ações – numa palavra, o espaço geográfico. Mas só os atores hegemônicos servem-se de todas as redes e utilizam todos os territórios.
SANTOS, M. **Técnica, espaço e tempo**: globalização e meio técnico-científico-informacional. São Paulo: EDUSP, 2008 (adaptado).

Considerando a concepção do texto sobre o espaço geográfico, avalie as afirmações a seguir.

I. O espaço geográfico é o espaço de todos, mas a formação de redes e o seu uso são desiguais, já que os territórios com densidade técnica e infraestrutura favoráveis atraem mais investimentos, ampliando sua produtividade industrial.

I. O espaço geográfico é formado de materialidades, de objetos e de redes técnicas, mas também de ações e de políticas que atendem aos atores hegemonizados e hegemônicos de forma equitativa.

II. A natureza é apropriada de forma desigual pelos diferentes atores sociais e usada como recurso pelos atores hegemônicos, adquirindo valor de troca.

É correto o que se afirma em:
a) I, apenas.
b) II, apenas.

c) I e III, apenas.
d) II e III, apenas.
e) I, II e III.

4. Com base no texto a seguir e no conteúdo do capítulo, analise as afirmações.

> Participante de dois painéis no encontro anual, Christian H. Kälin, presidente do Grupo Henley & Partners, disse que o impacto da migração nos assuntos geopolíticos não pode ser exagerado. "A migração é tanto uma causa quanto uma consequência de quase todas as questões de importância global e só se tornará mais central à medida que a globalização se aprofunda ainda mais e seus efeitos se fortalecem." (A migração..., 2019)

I. Pobreza, chances de emprego remunerado, melhores condições de vida, fuga de conflitos armados e escassez de recursos naturais, como a água, são motivos que estão elevando os fluxos de imigrantes em direção aos países ricos.

II. Os migrantes conseguem inserir-se rapidamente nas sociedades receptoras. São vistos como atores sociais importantes, principalmente por aceitarem empregos de baixa remuneração, o que tem equilibrado as demandas do mercado de trabalho dos países ricos.

III. As questões acerca dos movimentos migratórios e dos problemas que os cercam têm uma dimensão internacional e devem ser discutidas por meio de acordos entre governos e também por órgãos econômicos, corporações e agentes internacionais.

É correto o que se afirma em:
a) I e II, apenas.
b) II e III, apenas.
c) I, II e III.
d) I e III, apenas.
e) I, apenas.

Atividades de aprendizagem

Questões para reflexão

1. Leia o trecho a seguir.

> São Paulo foi considerada a cidade mais influente da América Latina em um ranking que avaliou 50 metrópoles globais. A lista é liderada por Londres, Nova York, Paris, Cingapura e Tóquio. A capital paulista aparece na 23ª posição – a cidade latino-americana mais bem posicionada.
> O estudo foi elaborado pela Civil Service College de Cingapura e a Chapman University. (São Paulo..., 2014)

As cidades globais são locais que se tornaram centros de poder mundial, núcleos de irradiação das inovações tecnológicas e do sistema financeiro internacional. Explique em que medida o processo de reestruturação produtiva influenciou os conteúdos e as funções que as metrópoles nacionais ,como a cidade de São Paulo, apresentam atualmente.

2. No âmbito do modo de reprodução capitalista, algumas mudanças importantes têm trazido desdobramentos ao espaço geográfico e ao processo de urbanização. Um processo que

influenciou sobremaneira as dinâmicas do espaço urbano foi o modo de reestruturação produtiva, caracterizado pela fragmentação espacial dos processos produtivos, pela flexibilização das lógicas trabalhistas e pela expansão do modelo econômico neoliberal, principalmente nos países subdesenvolvidos. Faça um breve texto em que você comente essa questão.

Atividade aplicada: prática

1. Você viu, ao longo deste capítulo, que a globalização traz implicações para a cultura, a produção de novas tecnologias, a organização do espaço e a economia de diversas sociedades. De maneira geral, quando falamos em globalização, imediatamente pensamos na atuação de grandes empresas nacionais, multinacionais e transnacionais, pois vários produtos fabricados por grandes corporações estão presentes em nosso cotidiano. Com base nisso e considerando seus objetos de consumo, propomos uma pesquisa.
    a) Primeiro, em sua residência, identifique alguns produtos de que faz uso com mais frequência no dia a dia e selecione cinco marcas.
    b) Navegue pelo *site* das empresas que fabricam os produtos escolhidos e pesquise os seguintes aspectos:
    » A empresa que fabricou o produto tem sede na cidade em que você reside? Se não tem, qual é sua origem?
    » Se a empresa possui capital estrangeiro, tem filiais em quais cidades do mundo? E em quais cidades do Brasil?
    c) Com o auxílio das ferramentas cartográficas, como o *software* gratuito Quantum Gis, construa um mapa de pontos, localizando a nacionalidade e a presença de cada

corporação em escala mundial. Para isso, será necessário usar o *shapefile* do mapa do mundo e cada empresa deverá ser representada por um ponto de coloração diferente.

Com base nessa pesquisa, você poderá refletir sobre a divisão internacional do trabalho e as estruturas de cooperação entre empresas (locais e internacionais) na fabricação de seus produtos. Você também perceberá que muitas vezes os produtos que consumimos são produzidos em outras regiões do Brasil ou mesmo em outros países. Portanto, eles percorrem enormes distâncias até chegar à nossa casa, ajudando a promover fluxos espaciais significativos.

3

Novos usos do território e rede urbana: a especificidade do fenômeno no Brasil contemporâneo

A produção do espaço urbano caracteriza-se por diferentes relações sociais, econômicas, jurídicas e culturais, engendradas por diversos agentes que interferem diretamente em sua dinâmica, redefinindo os usos do território. O tratamento dessa temática, portanto, demanda analisar a ação desses agentes, processos e formas resultantes, que ocorrem em escalas diversas das cidades.

Várias áreas do conhecimento se debruçam sobre a problemática da produção do espaço urbano. Geógrafos, cientistas sociais, urbanistas, antropólogos e demógrafos são alguns profissionais que têm elaborado estudos aprofundados sobre o assunto. No entanto, os geógrafos apresentam uma visão peculiar sobre o tema: a consideração de que não é possível compreender a dinâmica atual das cidades e o processo de urbanização que as constitui, isto é, a produção do espaço urbano, sem considerar o espaço geográfico em sua complexidade, o que significa reconhecer a existência de diferentes usos do território brasileiro ao longo de sua formação socioespacial.

> Com este capítulo, objetivamos esclarecer a dinâmica atual do urbano e do rural no contexto da formação socioespacial do Brasil contemporâneo. Para isso, consideramos que as distintas e sucessivas divisões do trabalho nas escalas global, nacional e local estão entrelaçadas e nelas se redefinem as relações entre agentes e instituições e o uso dos objetos, das normas e das ações, o que contribui para a criação de novos objetos e dinâmicas e, com isso, transforma a organização do espaço urbano.

3.1 Espaço urbano

O espaço urbano é caracterizado pela presença da cidade, onde vivem e se reproduzem as classes sociais, que fazem diferentes usos da terra. A cidade é objeto e cenário de lutas sociais. Nela, é possível a coexistência de distintas formas espaciais, resultado da ação dos seguintes agentes: proprietários dos meios de produção, proprietários fundiários, promotores imobiliários, grupos sociais e o Estado (Corrêa, 1989a). Este é responsável pela implementação e oferta de serviços públicos e pela elaboração de normas que regulam o uso da terra urbana.

A ação do Estado não se realiza de modo ocasional tampouco é socialmente neutra. Ela é desigual e, muitas vezes, privilegia interesses de grupos dominantes, como grandes empresas (Souza, 2003; Santos, 1981). Isso acontece quando, por exemplo, uma grande indústria deseja instalar sua planta fabril em determinado território da Federação. Na medida em que o empreendimento demonstra o interesse de gerar emprego e renda para a população, além de arrecadar impostos para os cofres públicos, o Estado dota a área onde a indústria deseja se instalar de um conjunto de equipamentos e infraestrutura para atender a suas demandas.

Quanto à terra urbana, ainda que continue sendo necessária para as empresas e objeto de luta de distintas classes sociais, seu uso foi ressignificado. A produção ocorre cada vez mais em espaços menores e até com maior produtividade, graças aos avanços tecnológicos. Atualmente, em virtude da revolução técnica e científica iniciada nos anos 1970, para alguns segmentos da economia, não há mais necessidade de plantas industriais de grande volume ou vastos terrenos para que a produção ocorra. Um exemplo desse fato é o capital financeiro e as empresas do ramo de tecnologia da informação (TI). Com isso, segundo Santos (2005,

p. 128), "o território passa a ser comandado a partir da capacidade de informação e são os fluxos de informação que são estruturadores do espaço".

De acordo com Corrêa (1989b, p. 11), "o espaço urbano capitalista é fragmentado, articulado, reflexo e condicionante social, cheio de símbolos e campo de lutas – é um produto social, resultado de ações acumuladas através do tempo e engendradas por agentes que produzem e consomem espaço".

Perdura na ciência geográfica uma tradição no estudo sobre as cidades que tem na economia política urbana, fundamentada na economia política de Karl Marx, um dos caminhos metodológicos para compreender esse processo. Foi por meio da economia política que o debate acerca do espaço urbano foi renovado. Segundo Santos (2009), a economia política da urbanização está diretamente vinculada à economia política da cidade. Elas são inseparáveis.

Os estudos da economia política da urbanização consideram que a divisão social do trabalho, com a divisão territorial do trabalho, distribui instrumentos de trabalho, emprego e a população do país, com o intuito de atender a demandas de ordem econômica. Trata-se, portanto, de um fenômeno geral que se expressa na escala do país. A economia política da cidade, por sua vez, é o modo como a cidade se organiza diante da produção e dos diferentes agentes da dinâmica urbana em cada período histórico. Ela gera uma configuração territorial específica inerente à formação da cidade. Ou seja, trata-se da especificidade do processo em sua dimensão concreta (Santos, 2009).

É nesse sentido que podemos afirmar, com base em Santos (2009), Harvey (1973) e Castells (1999), que a urbanização é um fenômeno político, social e espacial. Por meio de sua análise, é possível identificar, ao longo do tempo histórico, vários interesses postos em disputa. Como se não bastasse, há também uma forte ação do Estado para dotar o território de infraestruturas necessárias ao funcionamento das empresas e dinâmicas da sociedade. Tudo isso traz implicações para o espaço geográfico, cujo uso se torna mais complexo e conflituoso, com repercussões na rede urbana.

3.2 O processo de formação de cidades no Brasil e suas repercussões na rede urbana atual

As sucessivas e distintas divisões do trabalho associadas à ação do Estado e das empresas promovem a renovação dos objetos geográficos presentes nas cidades, onde também se verificam formas espaciais herdadas do passado. A economia política da urbanização ajuda, portanto, a compreender como o trabalho e a produção se organizam na cidade. Por meio da divisão territorial do trabalho, ocorre a redistribuição de funções no território, mudando as combinações que constituem os lugares. Assim, cria-se uma nova ordem espacial. Segundo Gomes (1997, p. 46), "a disposição destas práticas [sociais] no território e seus limites de ação são partes constituintes de uma ordem espacial. Isto corresponde a dizer que a interpretação da vida social é em parte tributária da compreensão da lógica territorial na qual ela está organizada".

Para esse autor, não há interpretação da vida social que não esteja amparada na análise da lógica espacial, ou corremos o risco de construir reflexões equivocadas.

> Assim, podemos afirmar que não é possível, com base na ciência geográfica, estudar o espaço urbano desarticulado dos processos e formas espaciais que dele resultam.

De acordo com Corrêa (1989b), no espaço urbano da cidade capitalista, é possível identificar quatro processos espaciais e suas formas, quais sejam:

1. **centralização**, cuja origem decorre da Revolução Industrial, e área central, onde se situam as principais atividades comerciais, de serviços, gestão pública e privada – é o principal foco das políticas de renovação urbana implementadas pelo Estado para viabilizar, simultaneamente, vários interesses;
2. **descentralização**, decorrente do aumento do preço da terra nas áreas centrais, mas também dos congestionamentos, das restrições legais e do crescimento da cidade, o que resulta na formação de **núcleos secundários** – estes se caracterizam pela presença de atividades comerciais, que gera economia de transporte, além de novos investimentos necessários à reprodução do capital;
3. **coesão**, processo que concentra algumas atividades em determinado espaço, contribuindo para a formação de distritos e ruas especializadas, as áreas cristalizadas;
4. **segregação** e áreas sociais, uma expressão das classes sociais produzida pela classe dominante e pelo Estado. Com base no autor, verificam-se no Brasil dois tipos de segregação: a autossegregação e a segregação imposta, as quais serão abordadas com maior profundidade no Capítulo 5.

É importante destacar que o processo de urbanização que caracterizou o Brasil contemporâneo teve sua gênese, segundo

Aroldo de Azevedo (1992), na formação dos primeiros aglomerados urbanos entre os séculos XVI e XIX. Todavia, a intensificação desse processo data dos anos 1940, sobretudo em virtude da dinâmica industrial brasileira. Para Sposito (Sposito; Góes, 2013), a urbanização brasileira é resultado de um amplo processo de reestruturação, que se caracteriza por processos de concentração urbana, pela emergência de novas formas espaciais e, ainda, pela dispersão urbana (transbordamento urbano), o que tem gerado novas centralidades e periferias e afetado a dinâmica dos subespaços periurbanos. Além disso, formam-se novos processos de desconcentração e reconcentração espacial da população, das atividades econômicas e da informação, seja em escala interurbana, seja em escala regional.

Outra característica da urbanização brasileira é apontada por Santos (2005), quando o autor reflete sobre o aumento da quantidade do trabalho intelectual graças às demandas do período técnico-científico-informacional. A partir de então, configurou-se um conjunto de transformações no território brasileiro que teve reflexos diretos na relação que se estabeleceu entre o campo e a cidade. Essa relação tem se pautado cada vez mais na cooperação imposta pela nova divisão territorial do trabalho agrícola. É por isso que podemos afirmar que o espaço urbano extrapola os limites da cidade, sendo possível encontrar características do urbano no rural e vice-versa (Santos, 1981).

3.3 A dinâmica atual dos espaços rural e urbano no contexto da formação socioespacial do Brasil contemporâneo

Para avançarmos na compreensão das novas dinâmicas do espaço urbano e do espaço rural no Brasil contemporâneo, não podemos restringir as análises aos temas em si, sem levar em consideração a relação de complementaridade que os permeia, pois essa rede de relações que os compõem atualmente se estabelece de forma bastante expressiva. Mesmo reconhecendo que se trata de conteúdos complementares, devemos observar que o rural e o urbano apresentam características distintas que permitem situá-los no atual período histórico, pois, ao longo do tempo e de distintas situações geográficas, elas se mostram diferentes.

> Assim, para uma assimilação mais clara das dinâmicas espaciais urbanas, é necessária uma discussão acerca do urbano e do rural, com o objetivo de compreender a importância das transformações ocorridas no território brasileiro. Essas alterações foram iniciadas com o processo de industrialização e tornaram-se mais intensas com a aceleração do processo de urbanização, a partir dos anos 1950. Com base nisso, podemos refletir sobre as inovações e as permanências nos espaços urbano e rural brasileiro da contemporaneidade.

A princípio, é importante destacar que o rural e urbano são par dialético dos conceitos de campo e cidade. Segundo Hespanhol (2013), eles só podem ser compreendidos como totalidade do modo de produção capitalista. Cidade e campo são formas espaciais (dimensão concreta); urbano e rural, por sua vez, são conteúdos, isto é, representações sociais que resultam da prática de distintos agentes e sujeitos. Para Souza (1999), o urbano está relacionado a um modo de vida derivado da urbanização, expressão territorial da divisão do trabalho que remete sempre à formação de cidades.

Ressaltemos que, ao longo das últimas décadas, o campo passou a absorver racionalidades decorrentes do processo de urbanização, instaurando-se, assim, mudanças de hábitos de consumo e culturais. Existem também atividades que antes eram características do campo e hoje estão presentes nas cidades, inclusive nas metrópoles. Conforme Locatel (2013), a cidade é feita pelos citadinos e pelos campesinos, ou seja, há trabalhadores que desempenham suas atividades no campo, mas residem na cidade e vice-versa.

A existência das hortas urbanas, onde geralmente se cultivam produtos orgânicos, é um exemplo de atividade campesina que tem se difundido pelos espaços das cidades. Muitas vezes, essas hortas estão presentes em bairros que, a princípio, não demonstram nenhuma relação com o rural. Na Figura 3.1, a seguir, é possível visualizar a presença de área de horticultura no bairro Jardim Heloísa, em São Paulo (SP).

Na contemporaneidade, o rural tem contribuído para ressignificar o urbano e vice-versa. Ambos os fenômenos têm conteúdos diferentes e complementares, por isso a adoção de uma perspectiva analítica dicotômica não é suficiente para explicar a realidade (Hespanhol, 2013; Locatel, 2013).

Figura 3.1 - Horta urbana em terreno no bairro Jardim heloísa, Zona Leste da cidade de São Paulo (SP)

Diversas abordagens enfatizam os maiores ou menores níveis de integração entre o campo e a cidade. Uma visão predominante no Brasil até os anos 1980, conforme Hespanhol (2013), embora ainda existam pesquisadores e instituições que a adotem, refere-se à construção de uma visão setorial sobre o campo e a cidade. Com base nela, o campo estaria restrito à produção agropecuária, enquanto à cidade caberiam a produção industrial e o fornecimento de bens e serviços para a população de seu entorno.

Outra abordagem utilizada é a do *continnum*, de acordo com a qual a ampliação dos processos de industrialização e globalização provocam a urbanização geral da sociedade. Há ainda os que utilizam como perspectiva analítica a permanência das ruralidades, segundo a qual haveria diferentes ruralidades derivadas das particularidades de cada lugar, que são inerentes à sua participação em processos de natureza econômica e social (Hespanhol, 2013; Locatel, 2013).

A categoria *território usado*, formulada por Santos e Silveira (2001), também pode ser útil ao tema, na medida em que permite analisar o território com base em seus usos, compreendendo-o como dinâmico e carregado de significados. Com ela, é possível verificar relações de subordinação e controle, a multidimensionalidade do poder em diferentes escalas, bem como as intencionalidades por trás dos eventos que nele se realizam ao longo do tempo. Por meio do estudo do território, de seus distintos agentes e instituições, compreendemos as dinâmicas inerentes ao urbano e ao rural no Brasil contemporâneo, considerando o peso das heranças históricas.

Assim, para a análise proposta, podemos tomar como ponto de partida o processo de industrialização e urbanização que, segundo Lefebvre (2006), impulsionou as relações sociais no espaço.

No Brasil, desde a década de 1930, quando teve início o processo de industrialização, o campo passou a ser visto pelo governo e por alguns intelectuais como um espaço em crise que precisava ser transformado para superar a situação de atraso. A industrialização que se realizava na cidade e o processo de urbanização que se iniciava eram vistos como sinônimo de progresso e modernidade. O campo era justamente o oposto, considerado sinônimo de atraso.

A partir dos anos 1950, o processo de urbanização tornou-se mais intenso, e o perfil demográfico da população brasileira começou a se inverter. Se antes era no campo que a população se concentrava, a partir da segunda metade do século XX, teve início uma marcha demográfica em direção às cidades. O Brasil tornou-se mais urbano. Além disso, a adoção de métodos contraceptivos, a inserção cada vez mais crescente das mulheres no mercado de trabalho, as melhorias sanitárias e o aprimoramento da indústria farmacêutica contribuíram para a redução da mortalidade infantil (ver Gráfico 3.1) e da taxa de natalidade (Santos, 2008b; Corrêa, 2011).

Gráfico 3.1 – Evolução da taxa de mortalidade infantil no Brasil (1940-2004)

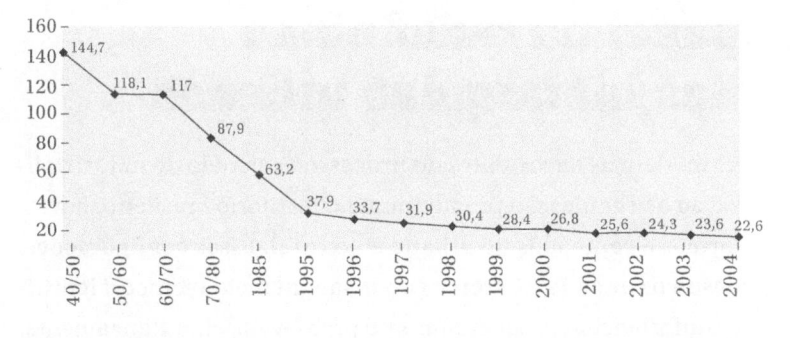

Período	Taxa
40/50	144,7
50/60	118,1
60/70	117
70/80	87,9
1985	63,2
1995	37,9
1996	33,7
1997	31,9
1998	30,4
1999	28,4
2000	26,8
2001	25,6
2002	24,3
2003	23,6
2004	22,6

Fonte: Batistella, 2007, p. 139.

Nos anos 1960, a modernização da agricultura foi defendida por segmentos do governo e alguns intelectuais como um processo que promoveria a transformação do velho rural em um novo rural, o qual absorveria o padrão urbano industrial de desenvolvimento. Foi nesse período que a articulação entre cidade e campo se tornou mais clara (Santos, 2008b; Corrêa, 2011). Ressaltamos que a tentativa de modernização das estruturas produtivas situadas no campo brasileiro foi criticada por Guimarães (1977), o qual denominava a estratégia adotada de modernização conservadora, pois promovia a modernização tecnológica dos latifúndios sem alterar sua estrutura arcaica. Além disso, deixava os pequenos produtores com parcelas ínfimas de seus benefícios. Na verdade, a modernização conservadora não trouxe benefícios diretos à população mais pobre e favoreceu os latifundiários ao manter a estrutura agrária que concentra terra.

3.4 Características do meio técnico-científico-informacional e seu papel na redefinição das hierarquias urbanas

As mudanças decorrentes do processo acelerado de industrialização e urbanização produziram, no território brasileiro, novas formas e conteúdos no urbano e no rural. Essas configurações, desde os anos 1970, com a expansão do meio técnico-científico-informacional, acentuam-se e promovem, simultaneamente, a modernização dos processos produtivos (ver Figura 3.2) e desigualdades socioespaciais.

Desse modo, ao mesmo tempo que podemos observar uma verdadeira revolução tecnológica e organizacional, a qual afeta o mundo do trabalho e do consumo, essa revolução não significa, necessariamente, mudanças expressivas nas condições de vida da maior parte da população brasileira.

Figura 3.2 – O processo de modernização tecnológica do campo brasileiro

| O país é o terceiro maior exportador de carne bovina e o quarto maior exportador de algodão. | O Brasil é um dos maiores exportadores de produtos agropecuários do mundo. | Em 2017, as exportações do agronegócio foram de US$ 96,01 bilhões, um aumento de 13% em relação a 2016. | Um em cada quatro produtos do agronegócio em circulação no planeta é brasileiro. | O Brasil lidera as exportações mundiais de café, açúcar, etanol de cana-de-açúcar, frango e soja. | De 1960 a 2016, a pauta de exportações do agronegócio alcançou mais de 350 itens. |

Parcerias internacionais feitas pela Embrapa
180 acordos bilaterais | 55 países | 126 instituições | 15 acordos multilaterais

Fotokostick/Shuttersotck

IMPACTOS NO AGRONEGÓCIO E NA SOCIEDADE

Para cada **R$1** investido na Embrapa em 2016, **R$ 11,37** retornaram à sociedade na forma de tecnologia, conhecimento e emprego.

A Embrapa é dona do maior banco genético do Brasil e da América Latina e um dos maiores do mundo: são cerca de **130 mil amostras** de 960 diferentes espécies de importância para a agricultura e a alimentação.

Graças ao melhoramento genético, a produtividade do Brasil passou de **27,3 milhões** de toneladas de grãos em uma área plantada de **21,4 milhões** de hectares, em 1970, para **179 milhões** de toneladas em uma área de **56,4 milhões** de hectares, em 2016. O aumento na produtividade das lavouras foi de **148,81%**.

Fonte: Elaborado com base em Pacheco, 2018.

Na atualidade, ao contarem com o sistema de crédito facilitado, segmentos da população de mais baixa renda conseguem ter acesso a eletroeletrônicos recém-lançados pelo mercado, como aparelhos de TV de LED, *smartphones* e computadores. Mesmo assim, problemas como desemprego, fome e serviços de saúde e educação precários ainda permanecem no território brasileiro de forma significativa. As desigualdades socioespaciais se expressam em diferentes escalas do país e serão discutidas de maneira mais detalhada nos Capítulos 4 e 5 desta obra.

É por isso que, segundo Santos e Silveira (2001), mesmo que o meio técnico-científico-informacional tenha expandido em relação ao período em que esteve materializado apenas em pontos e manchas pelo território, ainda permanece concentrado em alguns subespaços do Brasil. No Mapa 3.1, é possível verificar a importância da Região Concentrada e de estados do Nordeste, que apresentam grandes regiões metropolitanas e conseguem expandir o acesso à internet, cuja conexão a partir de telefones celulares ganhou expressão significativa no Brasil contemporâneo.

Mapa 3.1 – Localização dos acessos à internet por telefone celular em 2016

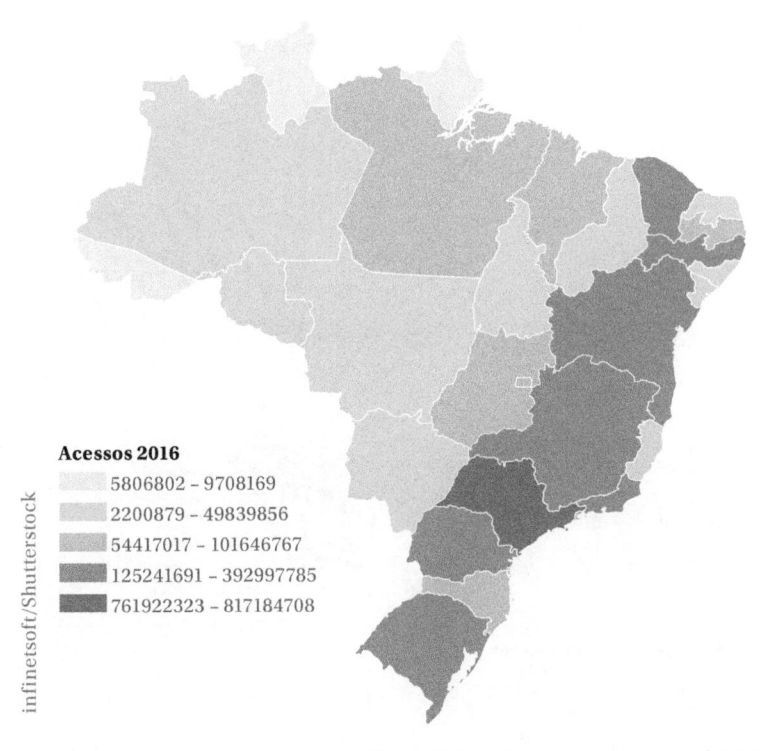

Acessos 2016
- 5806802 – 9708169
- 2200879 – 49839856
- 54417017 – 101646767
- 125241691 – 392997785
- 761922323 – 817184708

infinetsoft/Shutterstock

Fonte: Elaborado com base em Anatel, 2016.

Mesmo assim, ampliou-se uma tipologia variada de redes com distintas finalidades, a saber: estradas, que passam a permitir o escoamento dos produtos do interior para as cidades litorâneas; redes de transportes aéreos, que são mais densas no Sudeste, mas também apresentam infraestruturas e fluxos expressivos nas regiões Sul e Nordeste. Um exemplo é a densidade dos fluxos de passageiros no território brasileiro, que pode ser observada no Mapa 3.2. Na Amazônia, as ligações aéreas, além de conectarem a região ao restante do território nacional, também são utilizadas para promover a conexão entre cidades da região (Théry; Melo, 2005).

Mapa 3.2 – Ligação aérea de passageiros em 2010

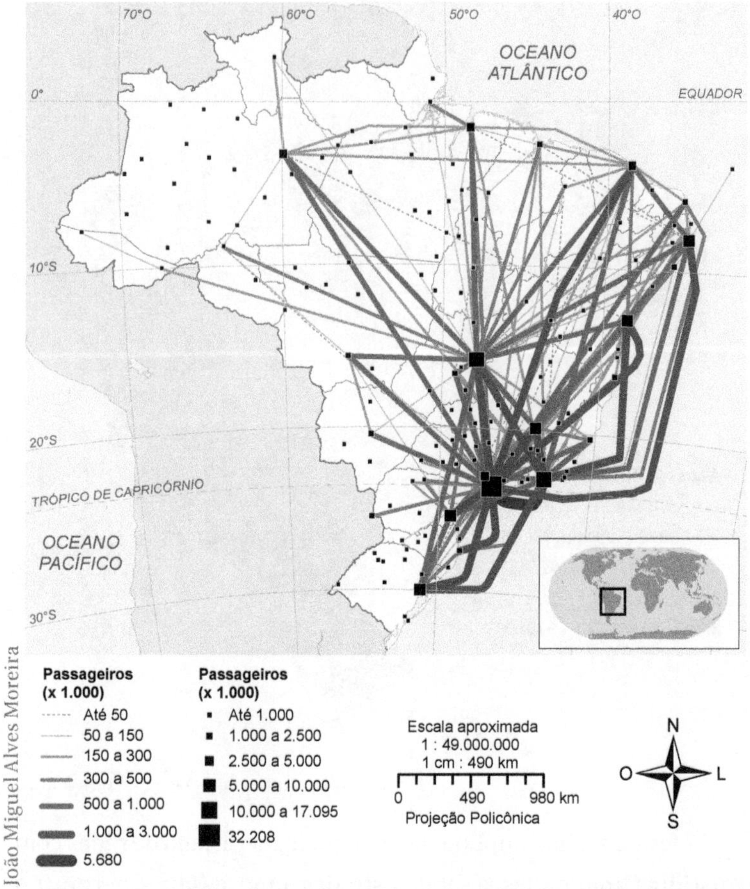
70°O
60°O
50°O
40°O
OCEANO
ATLÂNTICO
EQUADOR
0°
10°S
20°S
TRÓPICO DE CAPRICÓRNIO
OCEANO
PACÍFICO
30°S
João Miguel Alves Moreira
Passageiros
(x 1.000)
Até 50
50 a 150
150 a 300
300 a 500
500 a 1.000
1.000 a 3.000
5.680
Passageiros
(x 1.000)
Até 1.000
1.000 a 2.500
2.500 a 5.000
5.000 a 10.000
10.000 a 17.095
32.208
Escala aproximada
1 : 49.000.000
1 cm : 490 km
0
490
980 km
Projeção Policônica
N
O
L
S

Fonte: IBGE, 2013c.

O Estado brasileiro, conforme Santos e Silveira (2001), construiu grandes sistemas de infraestrutura para atender, primeiramente, aos interesses do capital, cumprindo, desse modo, um importante papel na redefinição da rede urbana.

As redes de informação, por sua vez, ligam as principais regiões produtoras e consumidoras entre si e desempenham um papel importante na estruturação do território brasileiro, pois são vitais para o funcionamento da economia. São, portanto, tão importantes quanto os transportes e a disponibilidade de energia elétrica, por exemplo.

Nesse sentido, Santos (2002, p. 82) apresenta uma concepção ampla para o estudo das redes, descrevendo-as como

> realidades concretas, formadas de pontos interligados, que, praticamente, se espalham por todo o planeta, ainda que com densidade desigual, segundo os continentes e países. [...] Sua qualidade e quantidade distinguem as regiões e lugares, assegurando aos mais bem dotados uma posição relevante e deixando aos demais uma condição subordinada.

As diversas redes que caracterizam o território contribuem para evidenciar processos geradores de diferenciação e desigualdades inerentes à formação socioespacial brasileira e às dinâmicas que dela decorrem. A noção atual de rede se sobrepõe à economia mundial. Esta, a partir da globalização, não funciona apenas segundo as normas das fronteiras nacionais, mas é formada por cláusulas e ordens distantes (Santos, 2008a).

Nos anos 1980, teve início um processo de profundas transformações de caráter cultural e funcional no campo brasileiro, definido por Oliveira (2007) como espaço da ação política e da luta de classes. Para ele, um dos grandes problemas a serem enfrentados pelos distintos sujeitos que compõem a sociedade é o caráter rentista do capitalismo brasileiro, tendo em vista que a terra, encarada como mercadoria, mesmo sem nada produzir, enriquece seu proprietário.

O autor aponta a expressiva concentração de terras no Brasil como resultado de uma "política de distribuição" e de grilagem iniciada no período colonial. Atualmente, apesar da legislação existente, a terra segue concentrada, inclusive sob domínio de agentes financeiros. No Mapa 3.3, é possível visualizar a espacialização da grilagem e da posse de terras no território brasileiro. O mapa evidencia a gravidade da problemática em estados das regiões Norte e Centro-Oeste, como Pará e Mato Grosso.

Mapa 3.3 – Domínio da terra por meio da prática de posses e grilagem no Brasil

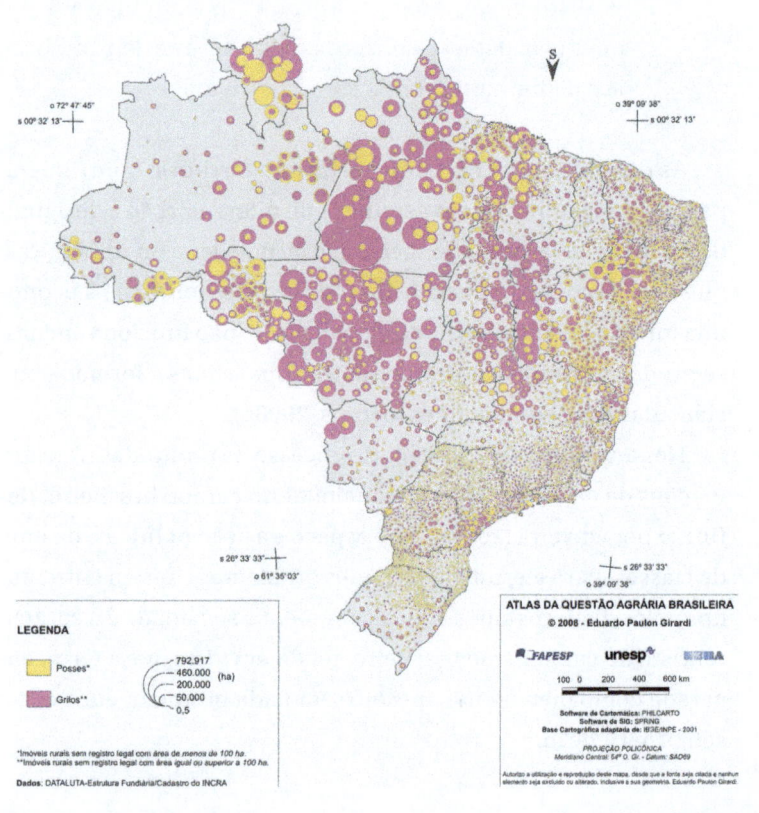

Fonte: Girardi, 2019.

Convém observar que o caráter rentista do capitalismo brasileiro também é marcante nas cidades, onde o fenômeno urbano se revela de forma mais evidente. Nelas, incorporadores e agentes imobiliários tornam ociosos muitos subespaços, aguardando sua valorização mediante melhorias de infraestrutura promovidas pelo Estado. O resultado é, muitas vezes, a pouca oferta de terrenos disponíveis para a construção de moradias, a expansão do tecido urbano e o elevado preço da terra urbana, que ameaça a função social da propriedade.

A urbanização acelerada e caótica nos países subdesenvolvidos ou em desenvolvimento (Santos, 2008b), como o Brasil, contribuiu para marcar a grande cidade como polo da pobreza, pois vivem bem apenas aqueles que podem pagar para desfrutar das amenidades que nela se oferecem. Assim, elas são, a um só tempo, centros de inovação e difusão da modernização tecnológica e o lugar onde os problemas são mais agudos.

Mesmo que as cidades brasileiras ofertem maior diversidade de capital e de emprego e possibilitem à população algum tipo de ocupação e renda, a oferta deficiente ou a difícil acessibilidade dos serviços básicos é uma realidade vivenciada pelos citadinos, o que vem agravando ainda mais a situação de pobreza dos habitantes, que precisam arcar com os custos demandados pelo uso dos equipamentos e serviços urbanos (Silveira, 2005).

As cidades brasileiras, em sua maioria, estão concentradas na faixa litorânea e apresentam uma radiação muito desigual, segundo os dados da pesquisa Regiões de Influência das Cidades (Regic) de 2007 (IBGE, 2008). Desse modo, ao analisar indicadores da pesquisa, como comando administrativo, área de atração de serviços de saúde e educação e atração comercial, é possível verificar que uma pequena quantidade de cidades apresenta centralidade máxima ou muito forte na rede urbana brasileira. Entre elas, destacam-se São Paulo (SP), como grande metrópole nacional; Rio de Janeiro (RJ) e Brasília (DF), na condição de metrópoles nacionais; e cidades como Porto Alegre (RS) e Curitiba (PR), que desempenham o papel de metrópoles. Essa dinâmica está especializada no Mapa 4.3, que exibe a topologia das cidades e suas regiões de influência pelo território brasileiro.

É importante ressaltar que não são apenas as redes que se mostram diferentes e desiguais no território brasileiro; a população também está distribuída de modo desigual. É possível observar uma nítida oposição entre as aglomerações urbanas, concentradas no litoral, e o interior do Brasil, mais rarefeito. De acordo com o Instituto Brasileiro de Geografia e Estatística (IBGE, 2013b), a população que se considera branca é mais numerosa no Sul do país e a população negra, mesmo que também habite nessa região, é mais numerosa no Nordeste e no Sudeste do Brasil.

Com relação à formação das bases da fluidez territorial (como a infraestrutura de transporte, por exemplo), observa-se no território brasileiro um duplo processo: o espaço urbano se tornou mais articulado do ponto de vista das funções, dinâmicas e respostas à divisão internacional do trabalho que se apresentam nas cidades; no entanto, ele se tornou desarticulado e fragmentado no que diz respeito ao comando das ações das grandes empresas, que têm nas cidades seu lócus de produção (Santos, 2008b).

Mapa 3.4 – Regiões de influência das cidades, 2007

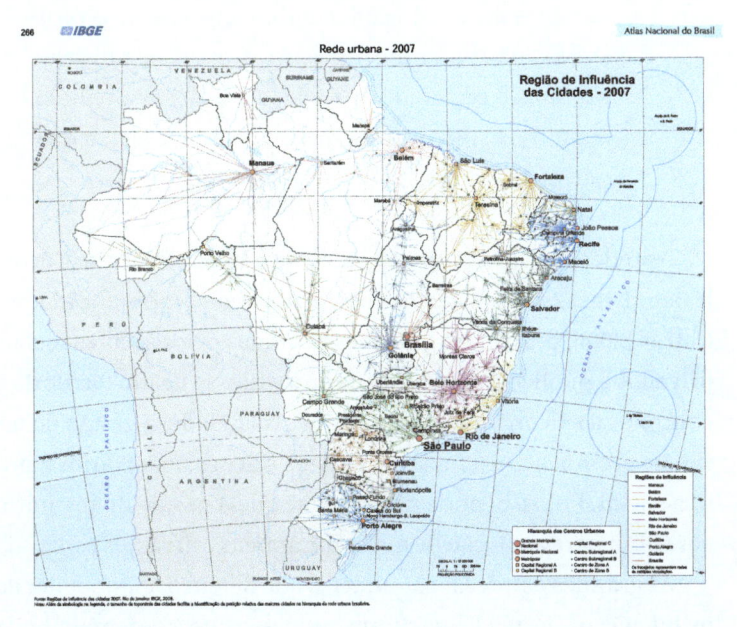

Fonte: IBGE, 2008.

É preciso lembrar que a dinâmica econômica e as sucessivas divisões territoriais do trabalho são mecanismos que regem a formação e a animação da rede urbana. Segundo Souza (2003), a posição que as cidades ocupam na hierarquia urbana está relacionada à sua capacidade de oferta de bens e serviços, e os centros mais importantes desempenham atividades ligadas às finanças. Conforme Corrêa (1989b, p. 11),

> conjunto de centros funcionalmente articulados, [a rede urbana] constitui-se em um reflexo social, resultado de complexos e mutáveis processos engendrados por diversos agentes sociais. Desta complexidade

emerge uma variedade de tipos de redes urbanas, variadas de acordo com combinações de características, como tamanho dos centros, a densidade deles no espaço regional, as funções que desempenham, a natureza, intensidade, periodicidade e alcance espacial das interações e a forma da rede.

As redes são ainda suporte para a gestão do território (Corrêa, 1989b; Dias, 2005). A gestão do território é compreendida por Corrêa (2006, p. 61) como "as ações exercidas pelos agentes sociais, privados e públicos, no sentido de apropriar-se de um território e controlar a sua organização espacial". Na cidade, a gestão do território promove a produção de objetos e ações necessários à prática social. Por isso, podemos afirmar que a gestão do território contribui para a criação de novas dinâmicas e arranjos espaciais.

As grandes empresas são aquelas que detêm o maior poder de influência na gestão do território, processo que é desempenhado pelo Estado e por suas instituições. No que se refere aos centros de gestão do território, são as metrópoles que desempenham essa função. Corrêa (2006) exemplifica o papel desempenhado pelas metrópoles como centros de gestão do território por meio da atividade bancária, mas poderíamos acrescentar outros exemplos, como publicidade e propaganda, indústrias, presença de grandes centros e fundações de pesquisa.

Além de concentrarem o comando de variadas atividades de destaque no território nacional, as metrópoles concentram a maior densidade de equipamentos urbanos e infraestrutura com o objetivo de garantir o deslocamento mais eficiente de pessoas e mercadorias, cujo destino pode estar fora das fronteiras nacionais. Portanto, os centros de gestão do território brasileiro, caracterizados por grandes metrópoles como São Paulo, são importantes "nós" na rede de cidades mundiais.

O estudo *Redes e fluxos do território: gestão do território – 2014*, publicado pelo IBGE no ano de 2014, mostra a existência de redes e fluxos que se organizam espacialmente no território brasileiro, expostos no mapa 3.5. O estudo apresenta as conexões entre as diferentes regiões e cidades, buscando identificar os centros que desempenham papel de comando no país, seja por meio do Estado (instituições públicas federais), seja por meio das empresas privadas.

Na tipologia de cidades caracterizadas como centros de gestão do território brasileiro, apenas São Paulo, Rio de Janeiro e Brasília ocupam o nível máximo da hierarquia de cidades (nível 1). Ressaltamos que, no Brasil, as redes urbanas ainda são rarefeitas, e há poucos centros regionais e nacionais de maior relevância. Essas redes são mais densas nas metrópoles bem estruturadas, como São Paulo e Rio de Janeiro. Há, portanto, núcleos urbanos de tamanhos e centralidades muito variados.

Mapa 3.5 – Gestão do território, 2013

Fonte: IBGE, 2014.

No contexto da urbanização, cresce também a importância das cidades médias na configuração do território, as quais têm sua origem no Brasil associada à experiência dos planejadores franceses de tentar superar desequilíbrios regionais desenvolvendo políticas de desconcentração da população e de atividades industriais. Com base nessa experiência, o governo brasileiro criou, em 1972, uma Política Nacional de Desenvolvimento Urbano (PNDU), que tinha como um de seus braços o Programa de Cidades de Porte Médio.

Baseada na experiência do território francês, como destacado anteriormente, o principal objetivo dessa política consistia em promover a desconcentração dos grandes aglomerados urbanos e criar mecanismos para a descentralização industrial. Desde então, as cidades médias, formadas por populações entre 100 e 500 mil habitantes, ganharam importância no território brasileiro, pois desempenham um papel de polo em relação às cidades menores. Por apresentarem infraestrutura e mão de obra para atender ao mercado, são atrativas para as empresas e para aqueles que migram em busca de novas oportunidades.

Essas cidades compõem a rede hierárquica de ações e intervenções no espaço. A urbanização e metropolização dos principais subespaços da dinâmica econômica e da administração do território brasileiro contribuíram para o surgimento da oferta de produtos e serviços e para a recomposição e multiplicação do capital. Atualmente, as cidades médias se apresentam como centros regionais ou submetropolitanos, integrando a rede de metrópoles nacionais e regionais. Além disso, dão suporte logístico a áreas estabelecidas nacionalmente como polos da rede urbana. De acordo com Santos e Silveira (2001), elas comandam o essencial dos aspectos técnicos da produção regional.

Ao refletirmos sobre cidade e rede urbana, não podemos descartar a relevância da formação socioespacial, pois, segundo Corrêa (2006, p. 311),

> A cidade e a rede urbana, em razão da fixidez e da refuncionalização, tendem a exibir, muito mais que o mundo agrário, padrões e formas que contêm, ao menos parcialmente, fortes elementos geradores da formação espacial na qual surgiram. É por isso que as relações entre rede urbana e formação espacial

são muito complexas: uma rede urbana pode exibir características associadas a diversos momentos da formação em que está inscrita, ou das diversas formações espaciais a que esteve associada.

Compreendemos, portanto, a importância da cidade considerando suas distintas tipologias e topologias[i] no atual período histórico. Podemos concluir que sua organização interna é uma chave para o entendimento dos processos espaciais e das dinâmicas de produção do espaço urbano, onde diferentes agentes promovem ações que geram formas e funções variadas referentes a processos de ordem social, econômica e cultural.

Indicações culturais

ENTRE Rios. Direção: Carlos Silva Ferraz. Brasil, 2009. 25 min. Documentário.

O documentário aborda o processo de urbanização de São Paulo, apresentando uma perspectiva geohistórica que coloca em evidência a problemática ambiental, política e econômica que permeia as transformações da cidade. Produzido em 2009 como trabalho de conclusão de Caio Silva Ferraz, Luana de Abreu e Joana Scarpelini do Bacharelado em Audiovisual no Senac-SP, Entre rios é uma boa alternativa para compreender as dinâmicas e transformações que a cidade de São Paulo vivenciou ao longo de sua formação socioespacial.

---

i. O termo *tipologia* está relacionado aos tipos (objetos, infraestrura etc.), e o termo *topologia* está realicionado à localização desses objetos no espaço geográfico.

Síntese

Neste capítulo, abordamos as especificidades do processo de urbanização do Brasil contemporâneo. Para isso, tratamos da trajetória da urbanização do país e suas hereditariedades desde o limiar da formação socioespacial brasileira. A urbanização brasileira é resultado de uma variedade de processos espaciais. Uma característica relevante do fenômeno na contemporaneidade é o transbordamento do processo de urbanização das cidades em direção ao campo, assim como a insurgência de práticas rurais nos espaços das cidades. O aumento dos fluxos tem alterado o teor e a qualidade das relações campo-cidade.

Nesse contexto, um fato relevante é a expansão do consumo produtivo nas cidades, que passam a abrigar comércio, serviços e trabalhadores voltados ao trabalho especializado. A produção ocorre no campo, mas são as cidades que viabilizam a realização do trabalho produtivo. Vimos também que as relações estabelecidas entre a ciência, a técnica e a informação têm acrescentado novos conteúdos ao espaço geográfico. Objetos e fluxos que compõem novas lógicas organizacionais se instalam e influenciam o processo de urbanização. Cidades informacionais, escalonadas na hierarquia urbana como centros de gestão do território, recebem enorme parcela de trabalho intelectual, expandem e criam tipologias e topologias. No entanto, são também lócus da pobreza e da desigualdade socioespacial.

Atividades de autoavaliação

1. Analise as afirmações a seguir.
    I. Os geógrafos têm um olhar específico sobre a problemática espacial urbana. Pensam os processos da cidade e a

dinâmica urbana que a anima considerando a complexidade dos componentes do espaço geográfico.
II. Uma das características recentes do processo de urbanização é a presença de grandes terrenos industriais nos espaços das cidades. Quanto maior a planta industrial e melhor sua localização, maiores os índices de produtividade.
III. A urbanização é um fenômeno político, social e espacial que expressa os diferentes usos da cidade e os campos de poder e interesses dos atores sociais que moldam a configuração espacial da cidade nos diversos momentos históricos.

É correto o que se afirma em:
a) I, apenas.
b) II, apenas.
c) III, apenas.
d) I e III, apenas.
e) I, II e III.

2. Assinale V para as afirmativas verdadeiras e F para as falsas.
( ) As cidades apresentam configurações territoriais que sofrem transformações e ressignificações a partir de eventos históricos, o que altera os sistemas de fluxos e os objetos existentes nelas.
( ) A divisão territorial do trabalho origina os núcleos urbanos, tipificando e especificando a economia política da cidade. Os conteúdos das divisões territoriais não sofrem variações e modificações, mesmo com as mudanças de períodos históricos.
( ) A formação das cidades no Brasil constitui um fenômeno recente. Os primeiros núcleos urbanos brasileiros nasceram com o processo de industrialização.

( ) Os processos de desconcentração e reconcentração espacial de pessoas e atividades econômicas são características do processo de urbanização brasileiro.

( ) A divisão territorial do trabalho agrícola, no período técnico-científico-informacional, tornou-se complexa: o número e a qualidade das interações espaciais entre o campo e a cidade aumentaram.

Agora, assinale a alternativa que corresponde à sequência obtida:
a) V, V, F, F, V.
b) V, V, V, V, F.
c) F, F, F, F, V.
d) F, V, F, V, F.
e) V, F, F, V, V.

3. (Enade-2014) Constantes transformações ocorreram nos meios rural e urbano, a partir do século XX. Com o advento da industrialização, houve mudanças importantes no modo de vida das pessoas, em seus padrões culturais, valores e tradições. O conjunto de acontecimentos provocou, tanto na zona urbana quando na rural, problemas como explosão demográfica, prejuízo nas atividades agrícolas e violência.

Iniciaram-se inúmeras transformações na natureza, criando-se técnicas para objetos até então sem utilidade para o homem. Isso só foi possível em decorrência dos recursos naturais existentes, que propiciaram estrutura de crescimento e busca de prosperidade, o que faz da experimentação um método de transformar os recursos em benefício próprio.

Santos, M. **Metamorfoses do espaço habitado**. São Paulo: Hucitec, 1988 (adaptado).

A partir das ideias expressas no texto acima conclui-se que, no Brasil no século XX,
a) A industrialização ocorreu independentemente do êxodo rural e dos recursos naturais disponíveis.
b) O êxodo rural para as cidades não prejudicou as atividades agrícolas nem o meio rural porque novas tecnologias haviam sido introduzidas no campo.
c) Homens e mulheres advindos do campo deixaram sua cultura e se adaptaram a outra, citadina, totalmente diferente e oposta aos seus valores.
d) Tanto o espaço urbano quanto o espaço rural sofreram transformações da aplicação de novas tecnologias às atividades industriais e agrícolas.
e) Os migrantes chegaram às grandes cidades trazendo consigo valores e tradições, que lhes possibilitaram manter intacta sua cultura, tal como se manifestava nas pequenas cidades e no meio rural.

4. Analise as afirmações a seguir.
   I. *Cidade* e *urbano* são conceitos sinônimos. São conteúdos que resultam das práticas sociais decorrentes do processo de urbanização na contemporaneidade.
   I. Duas características das cidades brasileiras são a concentração espacial na faixa litorânea e raio de abrangência da rede urbana muito desigual.
   II. Na tipologia de cidades caracterizadas como centros de gestão do território brasileiro, São Paulo, Rio de Janeiro e Brasília ocupam o nível máximo da hierarquia de cidades.

   É correto o que se afirma em:
   a) I, apenas.
   b) II, apenas.

c) III, apenas.
d) I, II e III.
e) II e III, apenas.

5. (Enade-2014)
Figura: Noções sobre a rede urbana

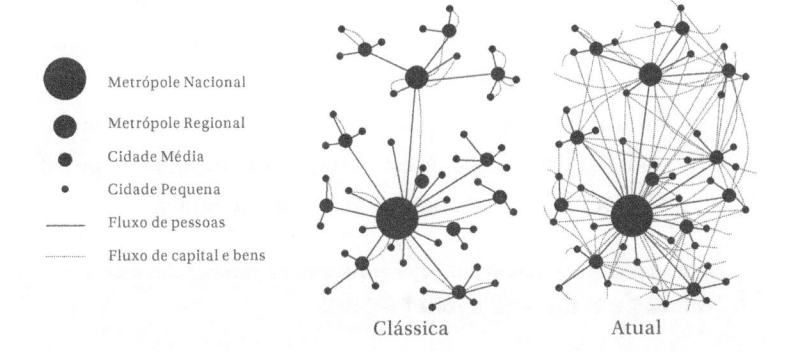

- ● Metrópole Nacional
- ● Metrópole Regional
- ● Cidade Média
- · Cidade Pequena
- ── Fluxo de pessoas
- ······ Fluxo de capital e bens

Clássica   Atual

O progresso técnico e os fatores institucionais facilitam o transporte de bens e pessoas, as comunicações e a mobilidade do capital, redundando no aumento de inter-relações e interdependência econômica entre firmas, cidades e países. A rede urbana sofre transformações sob o efeito da globalização econômico-financeira, assim, a complementaridade entre centros urbanos do mesmo nível hierárquico conhece um aumento.

SOUZA, M. L. **ABC do desenvolvimento urbano**. 6 ed. Rio de Janeiro: Bertrand Brasil, 2011.

Com base na figura e no texto, em relação às noções sobre rede urbana, é correto afirmar que

a) na noção atual, a rede urbana hierárquica mantém-se e é superposta por novos fluxos de capitais e bens.

b) na noção clássica, o progresso técnico, apesar de determinar a noção de hierarquia urbana, restringia o fluxo de capital e pessoas.
c) na noção clássica, as cidades pequenas mantêm relações hierárquicas com cidades médias e anárquicas com metrópoles nacionais.
d) na noção atual, as metrópoles nacionais perdem seu poder hierárquico face à ampliação dos papéis das cidades médias e das metrópoles regionais.
e) na noção atual, as cidades pequenas rompem relações com centros intermediários e o fluxo de capital segue direto para as metrópoles regionais e nacionais.

Atividades de aprendizagem

Questões para reflexão

1. Leia o trecho a seguir.

> O Brasil se urbanizou cedo. Em meados do século 20, o país já tinha alcançado níveis de concentração populacional em cidades muito superiores aos vistos na Ásia e na África. Entre 1970 e 2000, o sistema urbano absorveu mais de 80 milhões de pessoas. (Keith; Santos; Arese, 2016).

Com base nesse trecho e no conteúdo abordado neste capítulo, comente em que medida o rápido processo de urbanização no Brasil interferiu na dinâmica da formação socioespacial brasileira.

2.
> O padrão de urbanização brasileiro apresenta, a partir dos anos 80, mudanças que merecem algum destaque. (Maricato, 2000, p. 24)

O fragmento acima apresenta considerações sobre o processo de urbanização do Brasil contemporâneo. Aponte algumas características desse processo a partir dos anos 1980.

Atividade aplicada: prática

1. Você já utilizou a Infraestrutura Nacional de Dados Espaciais (Inde)? O portal brasileiro agrega e disponibiliza ao público vários dados sob o domínio de instituições públicas. Segundo o *site*, a Inde foi organizada com o objetivo de catalogar, integrar e conectar dados geoespaciais produzidos ou mantidos e geridos nas instituições de governo brasileiras. Assim, as informações podem ser facilmente localizadas, exploradas e acessadas para os mais variados fins por qualquer usuário com acesso à internet.

   Utilizando a Inde, elabore um mapa com base nos dados disponibilizados pelo Instituto de Pesquisa Econômica Aplicada/Instituto Brasileiro de Geografia e Estatística (Ipea/IBGE) sobre a Rede de Influência das Cidades (Regic).

   Inicialmente, acesse o link <https://inde.gov.br/>. Em seguida, clique em _Dados geoespaciais_ e depois em _Catálogo de geoserviços_. Veja as informações disponibilizadas pelos órgãos governamentais para o estado onde você vive e gere mapas utilizando o programa disponibilizado pelo próprio *site*. A figura abaixo constitui a Rede de Questionários da Regic 2007 e foi elaborada na plataforma da Inde.

Mapa A – Mapa gerado na plataforma da Inde

Fonte: Inde, 2019.

Em seguida, faça o *download* dos *shapefiles* da Regic no *site* da Inde e utilize-os em programas de georrefenciamento, como o Qgis. Elabore mapas sobre os dados existentes acerca da região de influência na qual estão inseridos a cidade e o estado onde você vive.

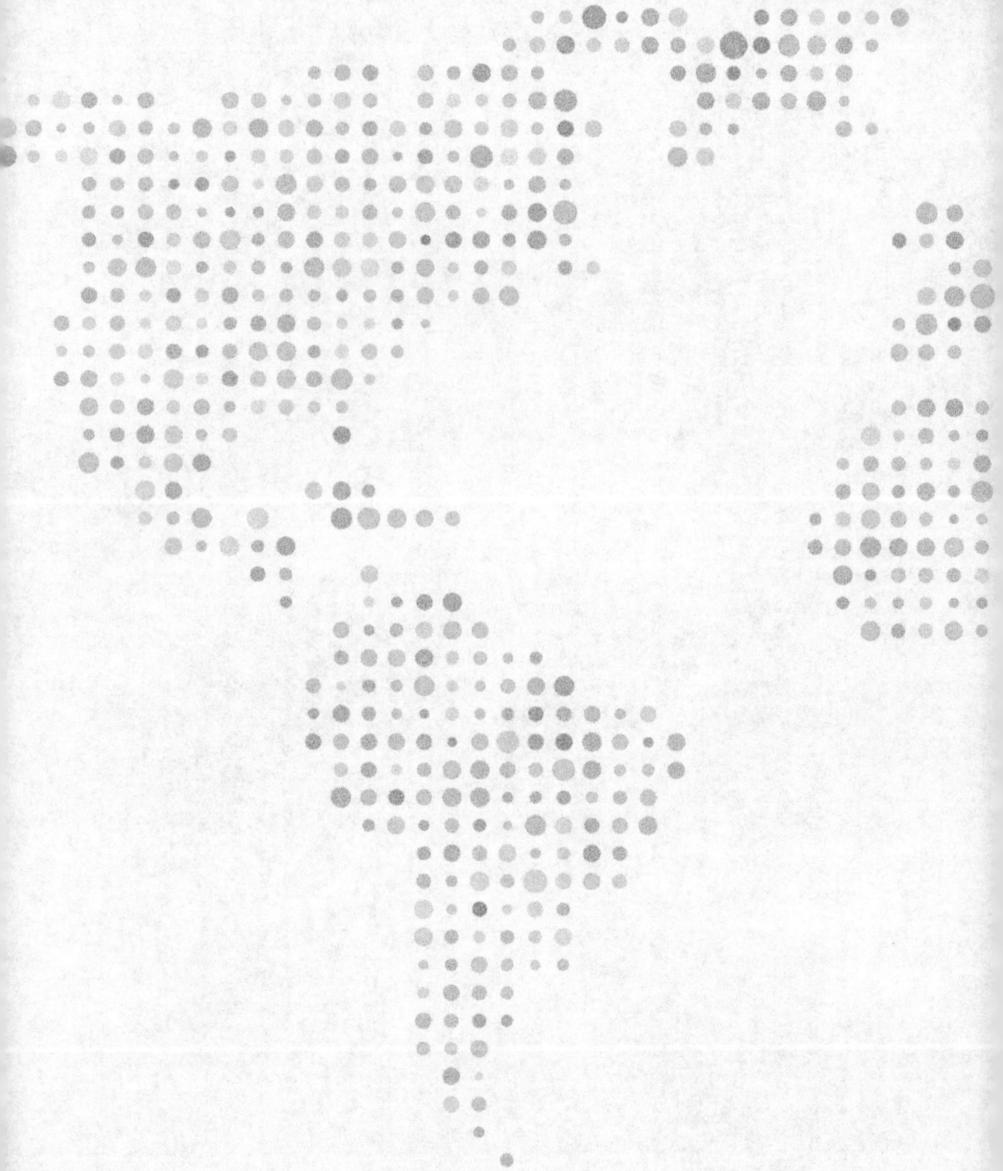

4

Região, processos de regionalização e desigualdades à luz da formação socioespacial contemporânea

O conceito de *região* foi difundido e tem sido relevante em toda a trajetória do pensamento geográfico. Nesse percurso, o emprego e o significado do termo sofreram modificações. Neste capítulo, em meio à análise das definições consideradas por diferentes paradigmas do pensamento geográfico, você poderá perceber que existem características peculiares ao conceito de *região* evidenciadas em várias abordagens. A administração de uma dada área, as características internas de determinado agrupamento de áreas ou cidades, que são distintas daquelas situadas em seu entorno e a contiguidade espacial são alguns critérios que caracterizam determinada região.

> Para definir regiões político-administrativas, econômicas ou naturais, o geógrafo recorre a um princípio de método fundamental: a regionalização. Qualquer fenômeno humano ou natural pode ser objeto de regionalização, um princípio metodológico que permite compreender as desigualdades à luz da formação socioespecial. Além disso, o processo de urbanização e suas consequências têm implicações na rede urbana e consolidam ou modificam as dinâmicas regionais e, por conseguinte, a própria região. O objetivo deste capítulo, portanto, é explorar os diferentes papéis desempenhados pelos agentes de produção do espaço urbano, situando-se suas ações no contexto das políticas de planejamento urbano e regional e os diferentes usos da cidade.

4.1 Fundamentos teóricos sobre a desigualdade

Para o sociólogo Roger Bastide (1959), o Brasil é uma terra de contrastes. As paisagens evidenciadas nas diversas regiões são testemunhas das diferenças e desigualdades que caracterizam o território brasileiro. Para compreendê-las, é preciso considerar a influência da formação socioespacial, tendo em vista que as regiões refletem o resultado desigual da história econômica e social dos territórios. Assim, é necessário também compreender o que é desigualdade e qual é sua origem.

Figura 4.1 – Roger Bastide

Sociólogo francês, Roger Bastide (1898-1974) se dedicou a pensar o Brasil construindo um pensamento crítico sobre a sociedade brasileira. Bastide ressaltou em sua obra que, mesmo vencidas as distâncias geográficas, por meio da construção de infraestruturas de transporte e comunicação, ainda perdurava um expressivo abismo social entre as regiões brasileiras. Esses contrates regionais, que englobavam variáveis como a economia, a religião, o poder e a organização social, segundo ele, também se verificavam no interior de cada região e eram perceptíveis por meio da vida social que as caracterizava.

Claudine Petroli/Estadão Conteúdo

A temática das desigualdades, que tanto despertou o interesse de Roger Bastide, também foi analisada por outros estudiosos.

Para Jean-Jacques Rousseau (1999), a desigualdade é legitimada pelo estabelecimento da propriedade privada e das leis e pelo desejo humano de tirar proveito pessoal à custa de outrem. Autores importantes das ciências sociais e humanas debruçaram-se sobre o tema das condições sociais da classe trabalhadora, a exemplo de Friedrich Engels (1988) e Leon Trotsky (2005). As situações por eles descritas, embora se refiram a temporalidades e territórios diferentes do Brasil contemporâneo, permitem refletir sobre a ação de agentes hegemônicos em distintas sociedades (capitalistas e socialistas) e a promoção das desigualdades, um elemento importante para compreender os antagonismos sociais.

Ao analisar a situação da classe trabalhadora no século XVIII, Engels (1988) mostrou como as condições de moradia daqueles que residiam próximo às docas (região portuária) ajudavam a evidenciar o uso desigual do território pelos trabalhadores. Por meio de uma pesquisa realizada nas cidades de Dublin, Londres e Manchester, o autor concluiu que a situação daqueles que viviam em meio a situações de penúria e insalubridade era proveniente do processo de industrialização que estava transformando significativamente as cidades naquele período. Trotsky (2005), por sua vez, ao examinar a situação da União Soviética nos anos 1920, denunciou as péssimas condições de vida e os baixos salários recebidos pelos trabalhadores.

Smith (1988) e Novack (2008) afirmam que a emergência do modo de produção capitalista, sobretudo a partir do século XIX, provocou um desenvolvimento desigual, que pode ser observado por meio das paisagens. Por isso, Gottdiener (2010) pondera sobre a relação que se estabelece entre injustiças sociais e suas manifestações espaciais, consideradas por ele como dois aspectos estruturais do desenvolvimento desigual.

As desigualdades se evidenciam no território com a ação de diversos agentes, entre os quais podemos destacar o Estado e as grandes empresas, que, por meio de técnicas, normas e políticas, têm contribuído para tornar o território brasileiro mais seletivo e desigual. Desse modo, é possível afirmar que ocorrem, a um só tempo, a expansão do meio técnico-científico-informacional e uma escassez generalizada (Santos; Silveira, 2001).

No Brasil, os dados da Pesquisa Nacional por Amostra de Domicílios (Pnad), publicados em 2016, revelam que metade dos brasileiros tem renda menor que um salário mínimo e quase 5 milhões de trabalhadores brasileiros têm uma renda média mensal de R$ 73,00. Os números do Atlas do Desenvolvimento Humano, por sua vez, especificados no Quadro 4.1, apontam que o Brasil ainda tem mais de 6% de sua população em situação de extrema pobreza e 15% em situação de pobreza, sobrevivendo com uma renda *per capita* de pouco mais de R$ 30,00 e R$ 75,00, respectivamente.

Quadro 4.1 - Dados referentes ao indicador de renda no Brasil - 2010

	% de extremamente pobres	Renda *per capita* dos extremamente pobres	% de pobres	Renda *per capita* dos pobres
Brasil	6,62	31,66	15,20	75,19

Fonte: Elaborado com base em Atlas do Desenvolvimento Humano no Brasil, 2019.

Os indicadores brasileiros exibem uma expressiva parcela de brasileiros pobres e extremamente pobres, o que faz com que a população se torne mais dependente de suportes governamentais, como os programas de transferência de renda. Ações como o Programa Bolsa Família (PBF) têm se apresentado como uma fonte de renda para a população pobre ou extremamente pobre, ou mesmo sem rendimentos. Conforme demonstrou Silva (2017), como programa de transferência de renda, o Bolsa Família tem auxiliado a população mais pobre. Além disso, estudos apontam que o programa tem ajudado a dinamizar segmentos da economia na região canavieira do Estado de Alagoas (uma das mais pobres do estado), sobretudo aqueles ligados ao circuito inferior da economia urbana (moto-táxis, pequenos comércios de venda de alimentos, feiras livres e mercadinhos). A Tabela 4.1 especifica a destinação do dinheiro recebido pelos beneficiários em três cidades.

Tabela 4.1 – Porto Calvo, União dos Palmares e São Miguel dos Campos: principais gastos com o dinheiro do PBF por parte das famílias beneficiárias (2015)

Destino do dinheiro	% de beneficiários que destina o dinheiro para esse fim		
	Porto Calvo*	União dos Palmares**	São Miguel dos Campos***
Alimentação	67%	74%	60%
Material escolar****	52%	62%	62%
Vestuário	52%	45%	44%
Remédios	17%	2%	2%
Gás	10%	12%	20%
Escola privada para filho pequeno	10%	2%	6%
Luz	7%	12%	10%
Água	7%	12%	8%
Aluguel	5%	0%	0%
Móveis e eletrodosméticos	0%	2%	0%
Pagamento de faculdade	0%	0%	2%

*As porcentagens foram calculadas com base no total de 42 beneficiárias que responderam ao questionário.
**As porcentagens foram calculadas com base no total de 66 beneficiárias que responderam ao questionário.
***As porcentagens foram calculadas com base no total de 50 beneficiárias que responderam ao questionário.
****Engloba também fardamento escolar.

Fonte: Silva, 2017, p. 225.

Com o processo de globalização, atividades modernas e de grande capital têm a possibilidade de se instalarem nas cidades. Montenegro (2013) lembra, no entanto, que os espaços urbanos também abrigam uma gama de atividades realizadas pela população pobre. Para Santos (2005, p. 97), a economia urbana dos países subdesenvolvidos pode ser interpretada considerando-se a existência de dois circuitos nela observados. Montenegro (2013, p. 34) explica que "as atividades urbanas e a população a elas associadas são distinguidas em função dos diversos graus de tecnologia, capital e organização que utilizam. Quando estes são altos, trata-se do circuito superior, incluindo sua porção marginal; quando são baixos, trata-se do circuito inferior".

O circuito superior corresponde às atividades de grande capital – as grandes corporações, os bancos, as indústrias e os comércios, as redes de informação e finanças – e é resultado direto do processo de modernização. O circuito inferior é resultado indireto do processo de modernização e corresponde às atividades voltadas ao consumo da população mais pobre, com comércios de pequena dimensão circunscritos ao espaço dos bairros e áreas de contiguidade das cidades e das regiões. Todavia, os dois circuitos da economia urbana não constituem sistemas fechados; eles estão interligados por intensas relações de complementaridade, concorrência e subordinação (Montenegro, 2013).

Os circuitos da economia urbana exprimem os desequilíbrios resultantes do processo de urbanização nos países pobres. São exemplo de desigualdades que se acentuam e se diversificam ao longo da história brasileira e se apresentam em contextos e escalas distintos. As desigualdades são resultado do desenvolvimento desigual do modo de produção capitalista (Harvey, 2004), que cria formas espaciais como favelas e condomínios fechados de luxo. No Brasil, o Estado, atrelado a grandes empresas, tem ajudado a tornar o território mais fluido e apto a responder a interesses distantes e escalas internacionais. A repartição das infraestruturas no território brasileiro cria fluidez desigual (para pessoas e instituições), um expressivo componente regional. Desse modo, a Região Concentrada é mais bem servida, dada sua relevância para a economia nacional.

> As regiões brasileiras guardam, portanto, especificidades e diferenças inerentes à sua natureza e cultura, mas também desigualdades traçadas desde o processo de ocupação e colonização.

4.2 Principais conceitos e abordagens teóricas sobre região e regionalização

O termo *região* pode ser empregado em diversos sentidos, como no caso da matemática, em que se fala em *regiões planas* (triângulo, quadrado etc.). No senso comum, está relacionado à ideia de localização ou unidade administrativa para ação do Estado. Na ciência geográfica, *região* é, segundo Corrêa (1997), um dos conceitos-chave, utilizado pelos geógrafos desde o século XIX para fazer referência a distintas situações e escalas. De acordo com Gomes (2000), o conceito de *região* tem implicações fundadoras no campo da discussão política, da dinâmica do Estado, da organização da cultura e do estatuto da diversidade espacial e do espaço geográfico. A geografia é, portanto, campo privilegiado dessa discussão.

Do século XIX até a década de 1970, é possível identificar três concepções de *região* (Corrêa, 1997; Lencioni, 1999). A primeira concepção diz respeito à região natural, entendida como uma porção da superfície terrestre constituída pela combinação de elementos da natureza. A segunda refere-se à região-paisagem, que resulta de um longo processo de transformação da paisagem natural em cultural; é caracterizada pela coerência de uma mesma paisagem cultural. A terceira concepção está vinculada à geografia teórico-quantitativa ou geografia nova, na qual o conceito de *região* passou a ser definido segundo propósitos específicos e considerado como um conjunto de unidades de áreas.

Após 1970, de acordo com Corrêa (1997), foram desenvolvidos outros três conceitos de *região*, a saber:

1. Região como organização espacial dos processos sociais relacionados ao modo de produção capitalista: esse conceito vincula-se à geografia crítica, que compreendia o espaço geográfico como uma prática social. Com base nessa perspectiva, Santos (1978) define *região* como a síntese concreta e histórica dos processos sociais. É, portanto, produto e meio de produção da vida social.
2. Região como conjunto específico de relações culturais entre um grupo e lugares particulares.
3. Região como meio para interações sociais.

Ainda segundo Corrêa (1997) com o advento da globalização, é possível observar dois processos diretamente relacionados à dinâmica das regiões: fragmentação e articulação. A fragmentação, conforme o autor, está relacionada à divisão territorial do trabalho. Ao dividirem a confecção de seus produtos em diferentes países ou regiões, grandes empresas internacionais promovem processos de fragmentação. A articulação relaciona-se aos diversos fluxos materiais e imateriais que percorrem a superfície terrestre. Esses processos estão presentes, como destacou Santos (1985), em regiões urbanas ou agrícolas. De acordo com o autor, o que as distingue não é mais

> a especialização funcional, mas a quantidade, a densidade e a multidimensão das relações mantidas sobre o espaço respectivo. A noção de oposição cidade-campo torna-se nuançada, para dar lugar à noção de complementaridade e seu exercício sobre uma porção do espaço. [...] Aqui, porém, trata-se de cooperação a uma escala inferior, isto é, à escala do processo imediato da produção e/ou do consumo. (Santos, 1985, p. 93)

De acordo com Santos (1985), dadas as características do período histórico atual e das dinâmicas que permeiam o espaço geográfico, o conceito clássico de *região* é atenuado diante da ação do capital produtivo. Segundo Santos e Silveira (2001, p. 12-13),

> O território já usado pela sociedade ganha usos atuais que se superpõem e permitem ler as descontinuidades nas feições regionais. Certas regiões são, num dado momento histórico, mais utilizadas e, em outro, o são menos. Por isso, cada região não acolhe igualmente as modernizações nem seus atores dinâmicos, cristalizando usos antigos e aguardando novas racionalidades.

Como conceito, a região tem sido amplamente discutida por geógrafos e não geógrafos. Como instrumento de análise, a regionalização também tem sido objeto de interesse da pesquisa universitária e do Estado. De acordo com Haesbaert (1999, p. 28), a regionalização é concebida "como um instrumento geral de análise, um pressuposto metodológico para o geógrafo e, neste sentido, é a diversidade territorial como um todo que nos interessa, pois a princípio qualquer espaço pode ser objeto de regionalização, dependendo dos objetivos definidos pelo pesquisador".

As regionalizações permitem reconstituir processos de ordem social, econômica e política gestados na formação socioespacial. O território brasileiro foi objeto de várias regionalizações, algumas das quais passaram a ser adotadas pelo Estado na implementação de suas ações. Podemos ressaltar a proposta de Carlos Miguel Delgado de Carvalho (elaborada em 1913), que tinha como critério elementos de ordem natural, com pouca ênfase nos elementos socioeconômicos (ver Mapa 4.1). Adotada pelo Estado brasileiro, a regionalização proposta por Delgado de Carvalho diferiu das regionalizações vigentes quanto ao número e ao tamanho das unidades político-administrativas e também quanto à delimitação e à organização das regiões.

Mapa 4.1 – Regionalização de Delgado de Carvalho

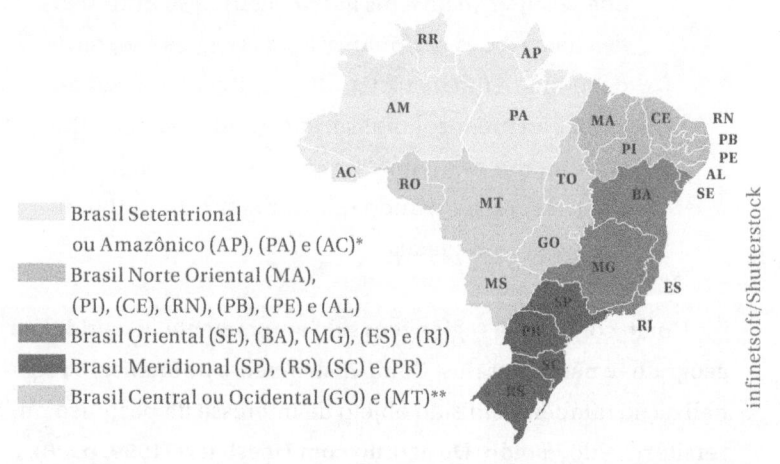

Brasil Setentrional
ou Amazônico (AP), (PA) e (AC)*
Brasil Norte Oriental (MA),
(PI), (CE), (RN), (PB), (PE) e (AL)
Brasil Oriental (SE), (BA), (MG), (ES) e (RJ)
Brasil Meridional (SP), (RS), (SC) e (PR)
Brasil Central ou Ocidental (GO) e (MT)**

infinetsoft/Shutterstock

*No período da regionalização proposta, os estados do Amapá e de Roraima ainda não haviam sido estabelecidos.

** No período da regionalização proposta, os estados de Rondônia e do Tocantins ainda não haviam sido estabelecidos.

Em 1941, o Conselho Nacional de Geografia (CNG) também elaborou estudos para estabelecer uma divisão regional do Brasil. Na ocasião, o engenheiro Fábio Guimarães dividiu o Brasil em cinco grandes regiões: Norte, Nordeste, Leste, Sul e Centro-Oeste. O contexto no qual essa regionalização foi elaborada consistiu em um período marcado pela expansão do capitalismo industrial, que passou a ditar novas regras. Assim, eram interesse do Estado temáticas relacionadas à integração da economia e do território nacional. Essa divisão regional, segundo o IBGE (2019), não recortou as unidades político-administrativas. Além de ajustar-se aos elementos naturais e à posição geográfica com o objetivo de nomear as grandes regiões, atendeu satisfatoriamente às necessidades da Administração Pública.

Desde então, surgiram outras proposições, que tomam como referência o contexto social, político e econômico do período em que foram formuladas. Um exemplo são as Regionais Funcionais Urbanas, cuja primeira definição é de 1966 e foi estabelecida com base em estudos de centralidade e área de influência dos principais núcleos urbanos.

Como vimos anteriormente, foi durante os anos de 1960 a 1980 que se consolidou o modo vida urbano e industrial no país, com destaque para a polarização do poder nos principais centros urbanos. O território brasileiro passou por profundas mudanças que culminaram em inserção do processo de industrialização no campo, urbanização e mudanças na organização das empresas. A última grande regionalização feita pelo IBGE, que dividiu o Brasil em cincos regiões (Sul, Sudeste, Centro-Oeste, Norte e Nordeste) e é utilizada até a atualidade, data de 1969 e foi atualizada em 1990 (ver Mapa 4.2).

Mapa 4.2 – Macrorregiões do Brasil definidas pelo IBGE

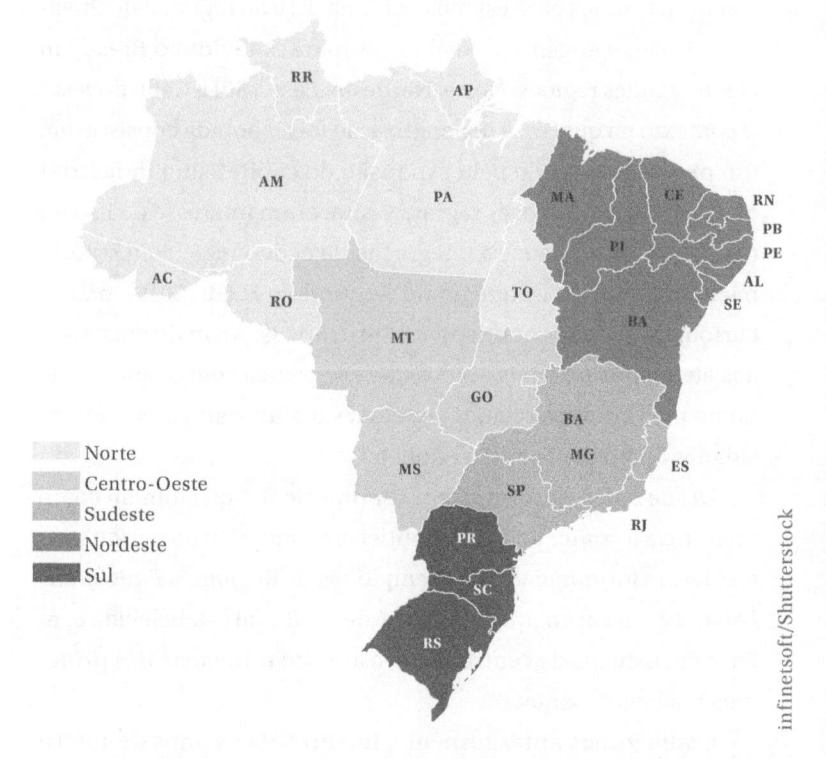

Norte
Centro-Oeste
Sudeste
Nordeste
Sul

infinetsoft/Shutterstock

Durante os anos 1970, houve ainda a implementação de outro tipo de regionalização, a das denominadas *regiões metropolitanas* (ver Mapa 4.3), instituída pela Lei Complementar Federal n. 14, de 8 de junho de 1973 (Brasil, 1973).

Mapa 4.3 – Regiões Metropolitanas, Brasil, 2010

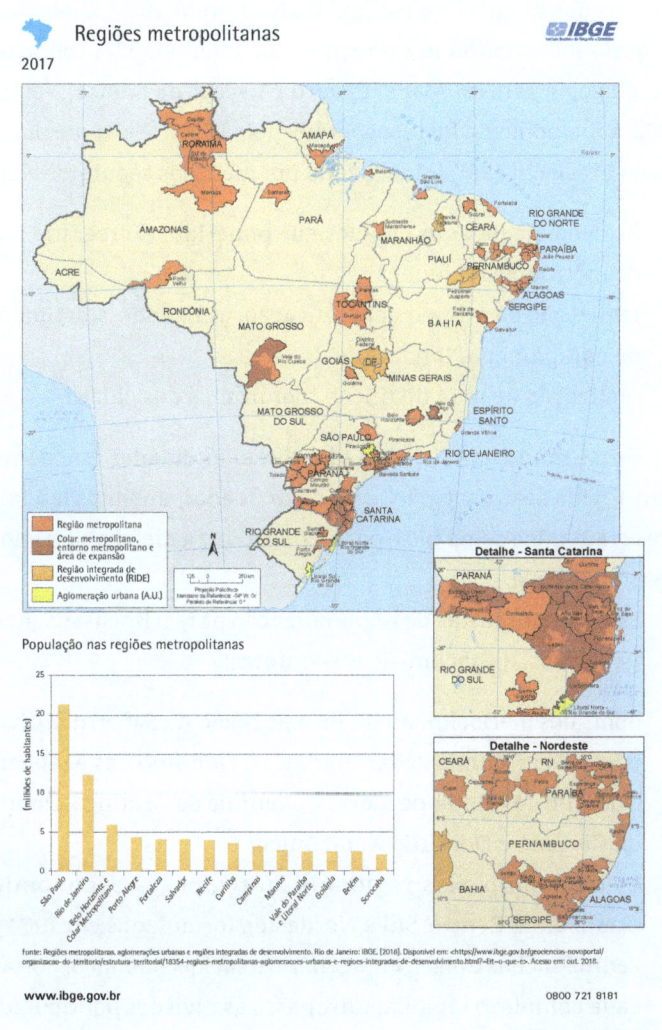

Fonte: IBGE, 2012.

No âmbito da geografia brasileira, outras regionalizações foram relevantes para os estudos regionais e tiveram a influência de grandes estudiosos do tema, a exemplo do francês Michel Rochefort, que nos anos 1950 já se preocupava com a relação estabelecida entre redes de serviços e a região. No livro *Redes e sistemas: ensinando sobre o urbano e a região*, Rochefort (1998) propõe uma metodologia para estudar a região da Alsácia, na França. Nos anos 1960, a metodologia foi incorporada pelo IBGE. O estudo, publicado no Brasil em 1967, foi realizado por meio das seguintes etapas:

» listagem de todas as cidades que poderiam exercer um papel de metrópole regional;
» realização da primeira classificação, utilizando-se a tipologia de equipamento terciário;
» realização de uma distinção hierárquica das cidades.

Desse modo, era possível identificar as cidades que dominavam a "vida de uma região" e analisar os equipamentos terciários, pois eram tidos como base para o papel que a metrópole regional desempenhava.

Entre as propostas de regionalização para o Brasil suscitadas por geógrafos, destacam-se as seguintes:

» domínios morfoclimáticos, de Aziz Nacib Ab'Sáber, que dividiu o Brasil em Domínio das Pradarias, Domínio das Araucárias, Domínio dos Mares de Morros, Domínio da Caatinga, Domínio do Cerrado e Domínio Amazônico;
» os três complexos regionais ou regiões geoeconômicas (Amazônia, Centro-Sul e Nordeste), formulados em 1964 por Pedro Pinchas Geiger, cujo critério é socioeconômico, portanto cada complexo regional ultrapassa as divisões político-administrativa dos estados federados (ver Mapa 4.4).

Para Corrêa (1997), as três regiões propostas por Geiger (1964) estão articuladas entre si e expressam uma nova divisão territorial do trabalho (Brasil-Mundo). Muda-se a articulação regional, mas as desigualdades permanecem.

Mapa 4.4 – Regiões geoeconômicas

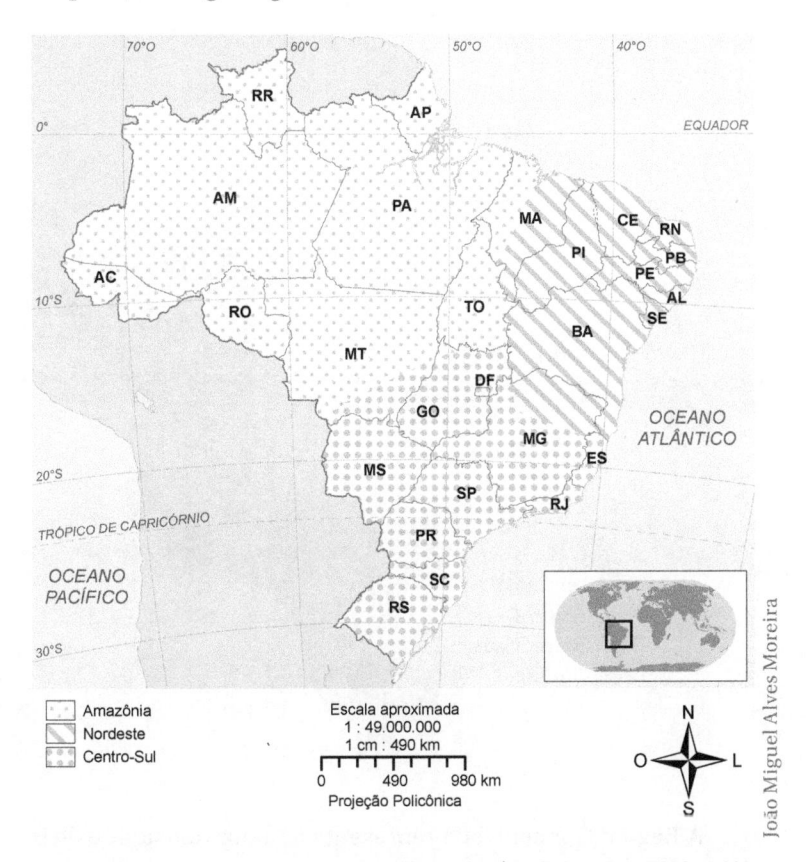

Fonte: Terra; Araújo; Guimarães, 2009, p. 105.

Outra proposta de regionalização, elaborada por Santos e Silveira (2001), reconhece, considerando como critério a expansão do meio técnico-científico-informacional, a existência de quatro regiões, que os autores denominaram de *Quatro Brasis: a Região Concentrada*, formada pelos estados do Sul e do Sudeste do Brasil, pelo Nordeste, pelo Centro-Oeste e pela Amazônia (ver Mapa 4.5).

Mapa 4.5 - Regionalização dos Quatro Brasis proposta por Santos e Silveira (2001)

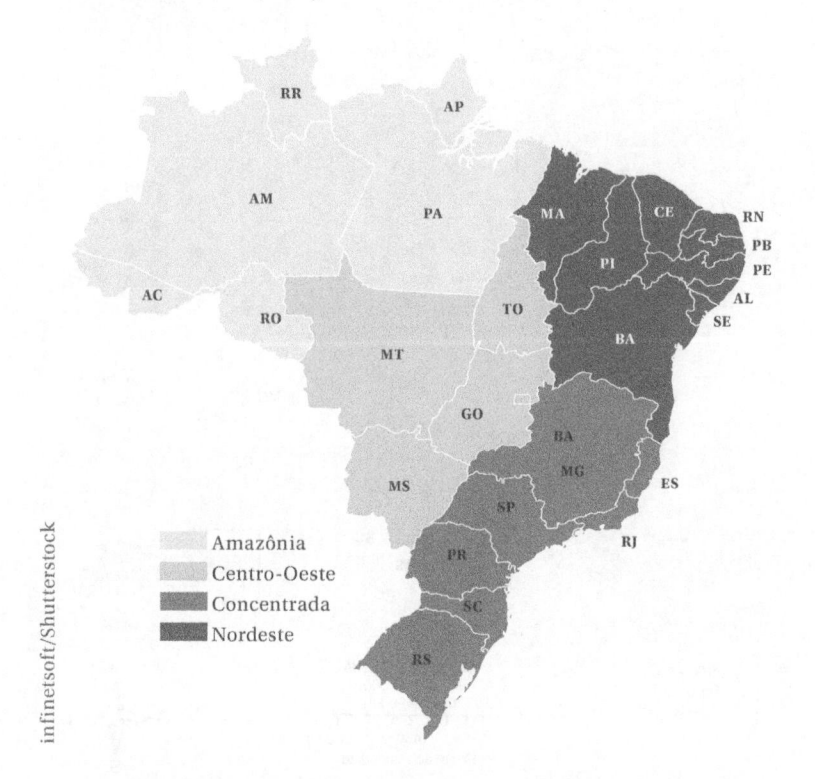

- Amazônia
- Centro-Oeste
- Concentrada
- Nordeste

infinetsoft/Shutterstock

A Região Concentrada representa a maior densidade de indústrias mais modernas e transações financeiras e comerciais. É também marcada pela atividade portuária, sendo porta de entrada para a circulação de mercadorias e o comércio do Brasil com os demais países que integram o Mercosul. Essa integração se acentua ainda mais no atual período histórico, em que a aceleração da inserção de fluxos econômicos, do deslocamento de pessoas e da circulação de mercadorias acirrou as diferenças regionais.

4.3 O processo de formação econômica e a constituição das redes de integração territorial do Brasil

O território brasileiro tem sua materialidade renovada por meio da ação do Estado com a implantação de infraestrutura de irrigação, construção de barragens, portos, aeroportos, ferrovias, rodovias, hidrelétricas, instalações ligadas à energia elétrica, refinarias, dutos, redes de telecomunicações, semoventes e insumos para o solo. Emergem, assim, novas dinâmicas urbanas e rurais. Se antes eram apenas as grandes cidades que abrigavam as técnicas modernas, agora o campo e as pequenas cidades também apresentam essas materialidades. Ao mesmo tempo, campo e cidade assumem uma relação de complementaridade no que concerne à esfera da produção, assumindo ainda novos papéis na reconfiguração territorial brasileira. Para o geógrafo Pierre George (1968, p. 208),

> entre os campos e as cidades de muitos países, as diferenças de modos de existência, de rendas, de mentalidades, são ainda sensíveis. E, no entanto, nunca esteve a informação tão presente nem tão insistente em toda a parte. Nunca as distâncias pareceram tão reduzidas pela possibilidade de transpô-las em tempos cada vez mais curtos.

A maneira como as técnicas se expandem pelo território é seletiva, e é possível perceber a coexistência de subespaços mais bem servidos que outros de inovações tecnológicas, em cada período histórico. Nesse sentido, Santos (2008a) afirma a existência de **espaços opacos** e **espaços luminosos**.

A ocupação das novas áreas de dinâmica agrícola, sobretudo relacionada à produção de grãos, como os cerrados do Centro-Oeste, o Triângulo Mineiro, o oeste da Bahia, grande parcela do Maranhão, o sudoeste do Piauí e todo o território do Tocantins, forma uma região produtiva ligada ao agronegócio.

Uma nova fronteira agrícola no Brasil tem se delineado na última década. O chamado Matopiba (Mapa 4.6) é uma área voltada à lógica do capitalismo agrário, principalmente à expansão do *front* agrícola da soja. Foi delimitada institucionalmente em 2015 e abrange os municípios dos seguintes estados: Maranhão, Tocantins, Piauí e Bahia.

Mapa 4.6 – Área do Matopiba proposta pela Embrapa, 2014.

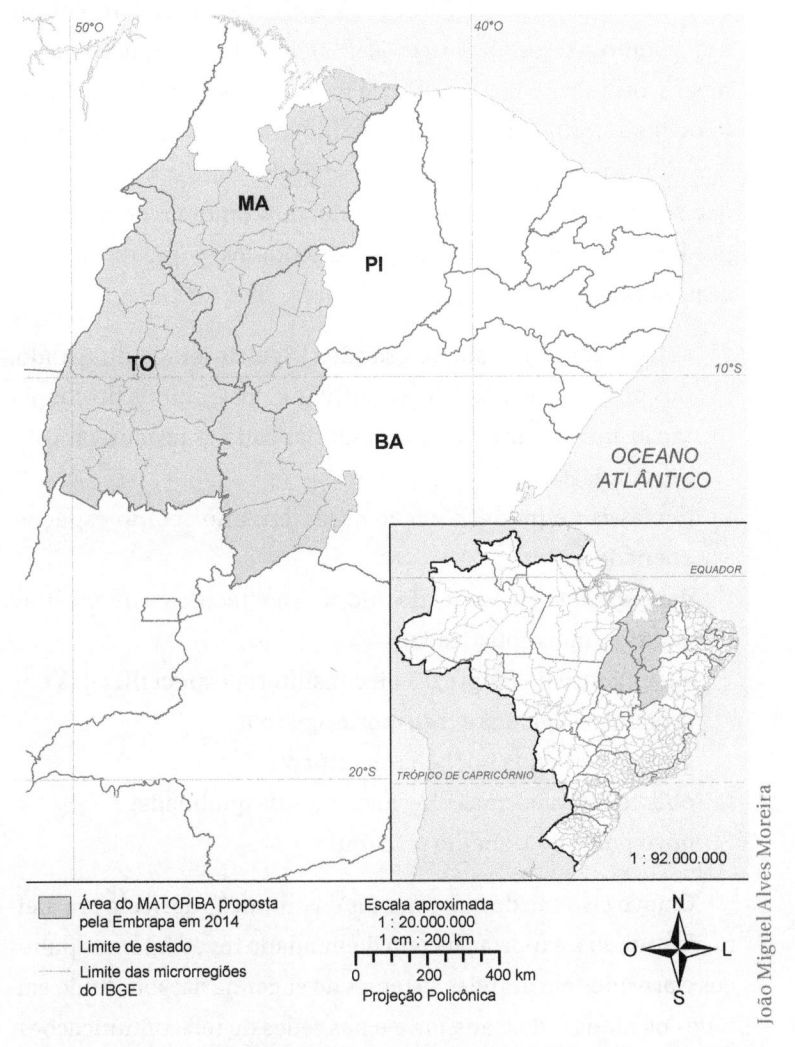

Fonte: Elaborado com base em Miranda; Magalhães; Carvalho, 2014.

O aparato tecnológico mobilizado para a produção de grãos tem provocado uma profunda transformação na organização do território, sobretudo em razão da logística demandada pelos circuitos de produção e pelos ciclos de cooperação (Castillo, 2004). De acordo com Castillo (2004, p. 83-84), a logística diz respeito a um "conjunto de processos, procedimentos e ações que visa organizar e otimizar o movimento de produtos, desde o fornecimento de insumos até o consumo final". Para ele, a busca por uma agricultura competitiva tem gerado profundas transformações não só na base material do território, mas também no processo produtivo e de comercialização dos produtos, o que resulta nos seguintes aspectos:

» sofisticação, à custa de grandes investimentos do Estado, dos circuitos espaciais produtivos e dos círculos de cooperação entre as grandes empresas das cadeias produtivas e de distribuição;
» enclaves de modernização caracterizados como espaços alienados;
» dependência crescente de informação (técnica e financeira) cada vez mais sofisticada;
» surgimento de empresas de consultoria especializadas em produção, logística e transporte agrícola;
» grande demanda por bens científicos;
» obediência a normas internacionais de qualidade;
» novo perfil do trabalho no campo.

O novo sistema de movimentos da produção agrícola brasileira, destinado à exportação, tem demandado investimentos públicos e privados em grandes sistemas de engenharia, sobretudo em todos os modais de transporte e nas redes de telecomunicações. Observa-se, portanto, a implementação de uma nova organização do território pautada na logística, em que a expansão de infraestrutura ligada ao sistema de movimentos tem implicações espaciais. No Quadro 4.2, você pode observar as regiões produtoras de grãos e os portos para onde a produção é escoada, bem como seu destino final. Note a predominância de portos situados na Região Concentrada, que recebem o maior volume da produção de grãos do Centro-Oeste brasileiro.

Quadro 4.2 – Região produtora de grãos e destino portuário da produção

Região produtora	Portos exportadores
Oeste de MT	Vitória, Santos e Paranaguá (secundariamente, Itacoatiara e Vila do Conde)
Norte de MT	Vitória, Santos e Paranaguá (secundariamente, Itacoatiara e Vila do Conde)
Leste de MT	Vitória, Santos e Paranaguá
Sudeste de MT	Vitória, Santos e Paranaguá
Centro-Leste de MT	Itaqui/ Porta do Madeira e Santos
Centro de GO	Vitória, Santos
Sudoeste de GO	Vitória, Santos
Oeste de BA	Salvador, Suape e Ilhéus
Sul de MA e PI	Itaqui/ Ponta do Madeira, Suape e Fortaleza
Norte de MS	Santos
Centro de MS	Santos e Paranaguá
Sul de MS	Santos e Paranaguá
Oeste de MG	Santos e Vitória
Centro de TO	Não houve exportação
Sul de RO	Não houve exportação

Fonte: Elaborado com base em Castillo, 2004.

A presença de empresas em diversos subespaços do território brasileiro demanda objetos e ações voltados à circulação e ao escoamento de mercadorias. Os sistemas de fluidez proporcionam a expansão da produtividade dos lugares e regiões, o que aumenta também a produtividade das empresas em função dos ganhos de fluidez em seus processos produtivos. Conforme Huertas (2010, p. 147),

> os caminhos, as pontes, os portos, a pavimentação de uma via são elementos cuja capacidade reside exatamente em condicionar (ou ao menos estabelecer) as variáveis intrínsecas à fluidez territorial – intensidade, qualidade e natureza dos fluxos – que expressam o poder de definir e limitar a dinâmica dos agentes sociais.

Porter (1986) ajuda a refletir sobre os atributos estratégicos da logística e da seletividade dos sistemas de movimento, das comunicações e das tecnologias da informação. Esses elementos têm fomentado a competição entre Estados e corporações em escala global, definindo vencedores e perdedores. O aumento da competitividade de um território ou subespaço está diretamente relacionado à sua capacidade de responder às demandas dos processos produtivos, às inovações tecnológicas e ao aumento de sua fluidez potencial (Santos; Silveira, 2001).

Evidenciam-se, portanto, uma nova divisão territorial do trabalho e a renovação dos sistemas técnicos e de ação que dão suporte ao modo de produção capitalista. Com isso, a cidade e o campo brasileiros, sobretudo os subespaços agrícolas de produção intensiva, tornam-se, segundo Elias (2006, p. 1), "responsáveis pelas demandas crescentes de uma série de novos produtos e serviços, dos híbridos à mão de obra especializada", o que faz crescer a relação de complementaridade entre campo e cidade, criando práticas de consumo que não se caracterizam mais por produtos restritos apenas ao modo de vida rural ou urbano.

Como vimos anteriormente, a ação do Estado tem desempenhado um papel importante na renovação da base material do território brasileiro. O estabelecimento de políticas públicas, como os Planos Plurianuais, o Programa de Aceleração do Crescimento (PAC) e o Plano Nacional de Logística e de Transporte, tem influenciado a constituição de redes de integração e o rearranjo de dinâmicas espaciais. A seguir, abordaremos alguns eventos relacionados à trajetória do planejamento urbano e regional que possibilitaram a ação estatal nos espaços urbanos brasileiros e o papel que a sociedade obteve nesse processo.

4.4 A relevância do planejamento urbano e regional para a organização do espaço urbano

O processo de urbanização acelerada que se acentuou no Brasil nos anos 1950 ocasionou problemas inerentes a esse novo modo de vida, como segregação socioespacial, problemas ambientais e de segurança pública. Para resolvê-los ou amenizá-los, a prática do planejamento passou a ser adotada conforme modelos utilizados, principalmente, pela França, pelos Estados Unidos e pela Espanha (Monte-Mór, 2006).

Nesse período, ocorreu a formulação do Plano de Metas, no Governo Juscelino Kubitschek, um plano quinquenal com metas definidas para acelerar o processo de industrialização, promovendo ainda investimentos em infraestrutura e estímulos à iniciativa privada. Uma de suas metas era a construção de Brasília, que se tornaria capital e centro político do Brasil (Araújo, 1993). Desde então, a temática do planejamento urbano e regional tem sido debatida pela academia e por segmentos do governo brasileiro.

Figura 4.1 – Construção de Brasília

Entretanto, não havia instrumentos urbanísticos que conseguissem conter ou mitigar os problemas que estavam afetando as cidades. Na segunda metade do século XX, ocorreu ainda um crescimento significativo das periferias metropolitanas, das capitais e das cidades médias. Com isso, cresceram também os movimentos sociais urbanos, especialmente com o apoio de segmentos da Igreja Católica, como a Comissão Pastoral da Terra (CPT), que tentou unificar lutas urbanas pontuais que deram início ao Movimento Nacional pela Reforma Urbana, iniciado nos anos 1960 (Maricato, 1994).

Havia, nesse movimento, o desejo de implementar reformas estruturais, sobretudo fundiárias. O principal objetivo era reverter o quadro de desigualdades sociais, tendo como referência uma nova ética social. O documento *Solo urbano e ação pastoral*, da Conferência Nacional dos Bispos do Brasil (CNBB, 1982), é um marco da luta pela reforma urbana.

É importante destacar que, dos anos 1950 até a primeira metade dos anos 1980, foram criadas leis, normas e planos por meio dos quais se incentivaram a formação de técnicos e a criação de instrumentos idealizados para dar respaldo às ações de planejamento, que, naquela ocasião, eram comandadas pelo regime autoritário. Em 1974, por exemplo, foi criada a Secretaria Nacional de Planejamento.

A partir dos anos 1980, no entanto, o planejamento passou a ser objeto de crítica por diversos estudiosos, entre os quais podemos ressaltar Amélia Cohn (1978) e Francisco de Oliveira (1981). Ainda nesse período, instalaram-se no Brasil uma crise financeira no setor público e um grande processo de endividamento, além da redução nas ações relacionadas a políticas públicas, da difusão da ideologia neoliberal e da privatização de várias empresas estatais.

No contexto da democratização do país, a Constituição Federal de 1988 incorporou reivindicações e anseios, transformados em direitos à população. Como exemplo, citamos os arts. 182 e 183 (Brasil, 1988), que abordam a política de desenvolvimento urbano – regulamentada posteriormente pela Lei n. 10.257, de 10 julho de 2001 (Brasil, 2001), o Estatuto da Cidade.

A Constituição Federal de 1988 e a Reforma Urbana no Brasil
As mudanças que ocorreram com a Constituição de 1988 quanto à temática do desenvolvimento urbano são desdobramentos de iniciativas de setores como a Comissão Pastoral da Terra

(CPT), vertente da Igreja Católica que realizou esforços significativos para unificar lutas urbanas pontuais que estavam sendo travadas em meados dos anos 1970. Um dos méritos da CPT foi a organização de várias reuniões, em uma das quais foi criada a Articulação Nacional do Solo Urbano (Ansur), no início dos anos 1980. Além da CPT, o evento internacional Eco-92, realizado no Rio de Janeiro, quando ocorreu o IV Fórum da Reforma Urbana, também foi importante, pois serviu como impulso para a formulação dos Planos Estaduais de Desenvolvimento Sustentável. O movimento pela Reforma Urbana visava a um novo padrão de política pública, fundamentado na gestão democrática da cidade. Esse movimento e a instituição da política urbana prevista nos arts. 182 e 183 da Constituição Federal são marcos significativos da trajetória de lutas sociais pelo uso mais justo das cidades brasileiras (Ribeiro, 1994; Maricato, 1994).

Estatuto da Cidade é o nome dado à Lei n. 10.257/2001, marco referencial da trajetória urbana no Brasil que regulamentou os arts. 182 e 183 da Constituição Federal de 1988 – que tratam da política urbana – e estabeleceu as diretrizes para o planejamento e desenvolvimento urbano. De acordo com Silva e Araújo (2003, p. 58), a legislação é considerada "um instrumento de cidadania, já que pressupõe uma gestão democrática das cidades e vem suprir uma carência normativa na área da política urbana apontada pelos municípios". O objetivo do Estatuto da Cidade é "ordenar o pleno desenvolvimento das funções sociais da cidade e da propriedade urbana, mediante o direito a cidades sustentáveis" (Silva; Araújo, 2003, p. 60). A lei está estruturada nos seguintes capítulos:

» Capítulo I – Diretrizes gerais
» Capítulo II – Dos instrumentos da política urbana
» Capítulo III – Do plano diretor

> » Capítulo IV – Da gestão democrática da cidade
> » Capítulo V – Disposições gerais
>
> O Estatuto da Cidade tem como dispositivo a gestão participativa (regional e municipal). Por meio dele, os planos diretores devem, obrigatoriamente, considerar a participação social em todas as suas etapas (elaboração, implementação e gestão decisória). Para isso, a lei conta com os instrumentos da gestão democrática da cidade, que são:
>
> 1. instituição de órgãos de política urbana;
> 2. planos e projetos de lei de iniciativa popular;
> 3. debate;
> 4. audiência pública;
> 5. consulta pública;
> 6. conferências;
> 7. referendo;
> 8. plebiscito.

Após a redemocratização do país e a promulgação da nova Constituição, as ações de planejamento do governo federal, bem como dos governos estaduais e municipais, foram modificadas. Uma das principais modificações advindas da Constituição Federal de 1988 refere-se à instituição do Plano Plurianual (PPA) como principal instrumento de planejamento de médio prazo, formulado de maneira articulada à Lei de Diretrizes Orçamentárias (LDO) e à Lei Orçamentária Anual (LOA).

Nos anos 1990, sob a ideologia neoliberal, foram criados os Programa Brasil em Ação e, posteriormente, o Programa Avança Brasil – que, no entanto, não se configuraram como uma política regional. Houve também a criação dos Eixos de Integração e Desenvolvimento (ver Mapa 4.7), com o objetivo de estimular subespaços de modernização e corredores de exportação voltados ao mercado mundial.

Mapa 4.7 – Eixos Nacionais de Integração e Desenvolvimento (Enid's)

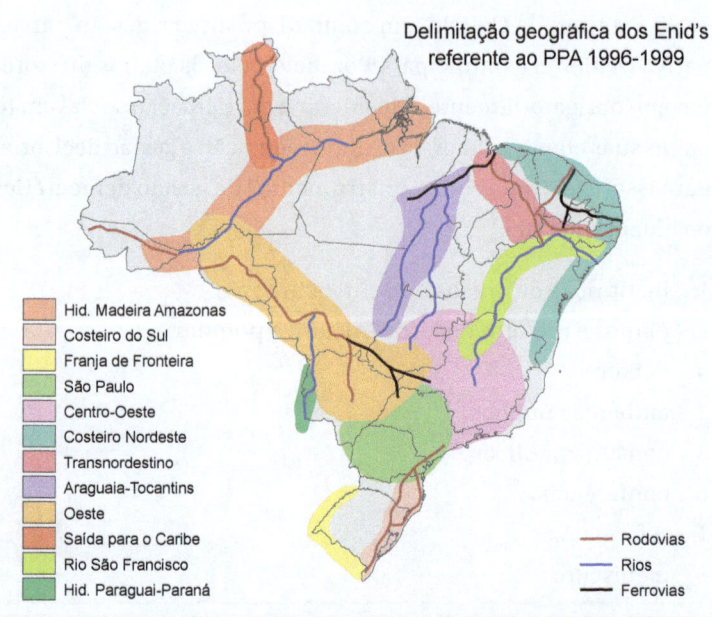

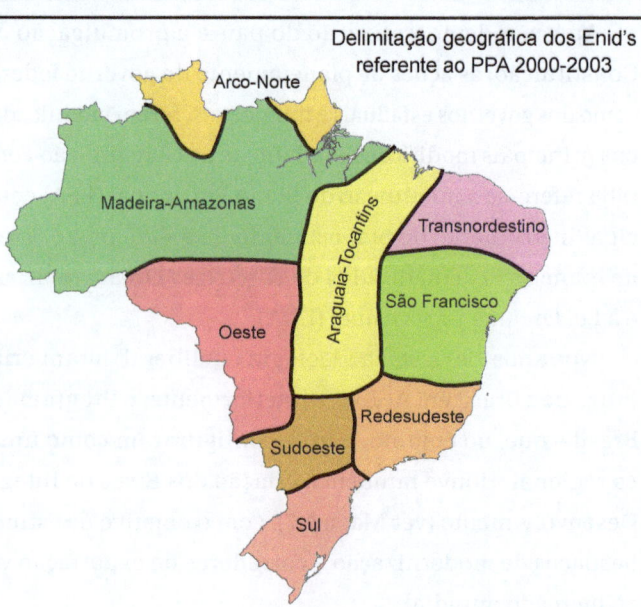

Delimitação geográfica dos Enid's referente ao PPA 1996-1999

- Hid. Madeira Amazonas
- Costeiro do Sul
- Franja de Fronteira
- São Paulo
- Centro-Oeste
- Costeiro Nordeste
- Transnordestino
- Araguaia-Tocantins
- Oeste
- Saída para o Caribe
- Rio São Francisco
- Hid. Paraguai-Paraná

— Rodovias
— Rios
— Ferrovias

Delimitação geográfica dos Enid's referente ao PPA 2000-2003

- Arco-Norte
- Madeira-Amazonas
- Araguaia-Tocantins
- Transnordestino
- São Francisco
- Oeste
- Redesudeste
- Sudoeste
- Sul

João Miguel Alves Moreira

Fonte: Galvão; Brandão, 2003, citados por Tavares, 2016, p. 674.

No que concerne às mudanças mais recentes no planejamento regional brasileiro, citamos a criação do Programa de Aceleração do Crescimento (PAC). O processo consiste em um grande esforço para renovar a base material do território brasileiro (infraestrutura) com o objetivo de atrair investimentos. O PAC ganhou tamanha relevância no âmbito do governo brasileiro e da dinâmica do território nacional nos anos 2000, que acabou sufocando a tentativa de construção de uma Política Nacional de Ordenação do Território (Pnot) e de fortalecimento da Política Nacional de Desenvolvimento Regional (PNDR).

Embora se observem iniciativas por parte do governo brasileiro para diminuir as desigualdades regionais por meio de ações de planejamento, ainda persistem no território problemas estruturais, como a disparidade de renda e de Índice de Desenvolvimento Humano – IDH. Para que o bom planejamento e a gestão urbana possam funcionar, Souza (2003) afirma que é necessário superar obstáculos políticos, econômicos, jurídico-institucionais e sociopolíticos, descritos a seguir.

» Obstáculos políticos: grupos dominantes da sociedade que se valem da propaganda, do suporte de dados pelos técnicos do governo e de estudos produzidos pelas universidades para respaldar seus interesses.
» Obstáculos econômicos: endividamento das prefeituras, desatualização de seu cadastro imobiliário etc.
» Obstáculos jurídico-institucionais: ausência ou debilidade de diálogo e cooperação inter e intrainstitucional, dificuldades técnicas e gerenciais.
» Obstáculos sociopolíticos: necessidade de articular o planejamento urbano com a política de segurança pública.

A democratização do planejamento e da gestão é um princípio fundamental para que seus instrumentos possam ser aplicados, superando-se e dirimindo-se os obstáculos de todas as naturezas. É também a saída encontrada pela sociedade e por grupos civis que discutem os problemas urbanos para a resolução dos dilemas que assolam a população brasileira e os habitantes das cidades. Neste capítulo, procuramos esclarecer os processos das regiões e os processos de urbanização que caracterizam a dinâmica espacial na contemporaneidade, bem como o processo de planejamento como prática utilizada para conhecimento do território brasileiro e intervenção na configuração desse território.

Indicações culturais

SOM ao redor. Direção: Kleber Mendonça Filho. Brasil, 2012. 131 min.

O filme focaliza o cotidiano de uma rua de classe média na Zona Sul de Recife que, ao ser objeto de ação de uma milícia, tem a vida de seus moradores modificada. São abordadas várias situações vividas pelos personagens, entre os quais alguns "festejam" a aparente tranquilidade proporcionada pela segurança privada, enquanto outros vivenciam situações de tensão.

Síntese

Neste capítulo, você viu que as relações existentes entre o processo de urbanização e a rede urbana influenciam os conteúdos e as dinâmicas regionais. As políticas de planejamento urbano e regional influenciaram lógicas espaciais e causaram transformações no conteúdo e no uso das cidades. O Brasil, definido como uma terra de contrastes, apresenta diferenças que não se restringem somente a paisagens naturais. Diferenças territoriais surgiram desde o início da formação socioespacial brasileira e tornaram-se o centro de estudos e análises. Métodos de regionalização e políticas de planejamento têm evidenciado o conteúdo seletivo e desigual das cidades e redes urbanas que compõem o território brasileiro. Além disso, o atual período, marcado pelo paradigma da globalização e pela tríade ciência-tecnologia-informação, determinou a dinâmica das regiões e trouxe aos lugares novos objetos e ações, o que culminou em uma ressignificação das desigualdades socioespaciais.

Atividades de autoavaliação

1. Analise as afirmativas a seguir.
   I. O Estado, historicamente, por meio de políticas públicas errôneas, tem sido o agente responsável pelos desequilíbrios regionais e pelas desigualdades socioespaciais presentes no território brasileiro.
   II. O Brasil apresenta diferenciações regionais que são explicadas pelas diferenças edafoclimáticas características de suas regiões.
   III. Durante o processo de ocupação e colonização do território brasileiro, as heranças resultantes das diversas divisões territoriais do trabalho, normas, sistemas de engenharia e dinâmicas espaciais pretéritas influenciaram no quadro atual de desigualdades socioespaciais.

   É correto o que se afirma em:
   a) I, apenas.
   b) II, apenas.
   c) III, apenas.
   d) I e II, apenas.
   e) I, II e III.

2. Analise as afirmações e marque a alternativa correta:
   a) Os processos de articulação e fragmentação estão diretamente relacionados à dinâmica das regiões no atual período histórico, marcado pela globalização.
   b) O conceito clássico de *região* auxilia na explicação das lógicas espaciais, diante do capital produtivo e do uso do território no período atual.
   c) O território brasileiro foi objeto de uma regionalização realizada pelo IBGE na década de 1990, que propôs a divisão do país em cinco regiões.
   d) O francês Michel Rochefort, nos anos 1950, propôs uma metodologia para estudar uma região da França. No entanto, não obteve êxito ao aplicar o estudo ao Brasil, em razão das diferenças econômicas existentes entre os dois países.
   e) As regionalizações realizadas por diversos autores versaram sobre estudos de ordem econômica, não havendo nenhuma abordagem relacionada às características naturais do território brasileiro.

3. (Enade–2014) O Brasil ingressou na modernidade pela via autoritária, e o projeto geopolítico do Brasil-Potência, elaborado e gerido pelas Forças Armadas, deixou marcas profundas sobre a sociedade e o espaço nacionais. A economia brasileira alcançou a posição de oitavo PIB do mundo, seu parque industrial atingiu elevado grau de complexidade e diversificação, a agricultura apresentou indicadores flagrantes de tecnificação e dinamismo, e uma extensa rede de serviços interligou a quase-totalidade do território nacional.

BECKER, B. K.; EGLER, C. A. G. **Brasil**: uma nova potência regional na economia-mundo. 8. ed. Rio de Janeiro: Bertrand Brasil, 2011 (adaptado).

A obra **Brasil: uma nova potência regional na economia-mundo** trata da modernização conservadora, pela qual o Brasil desenvolveu o seu projeto geopolítico de inserção na economia-mundo, de forma cada vez mais industrializada e urbana. A partir das informações apresentadas, a expressão "modernização conservadora" é definida como a ação do Estado brasileiro no sentido de

a) consolidar o seu parque industrial e o seu processo de urbanização, consorciados à economia agroexportadora da soja, incorporando-se à economia-mundo segundo os ditames capitalistas vigentes.

b) dotar o país da infraestrutura necessária ao desenvolvimento industrial, à custa de um forte endividamento externo, da concentração de renda e da ampliação de desigualdades sociais, sustentadas por um aparato militar autoritário.

c) dotar o território de aparato técnico adequado à exportação dos produtos agrícolas, os quais passaram a compor o volume necessário de divisas para os investimentos ora em curso em favor da indústria brasileira.

d) inserir o Brasil na economia-mundo pela exportação de produtos semimanufaturados, os quais eram produzidos pela incipiente indústria nacional, ainda de caráter manufatureiro, incorporando a mão de obra em formação.

e) incorporar a indústria nacional ao cenário mundial pela via da importação de todo o aparato industrial necessário à montagem da indústria de base, tendo como contrapartida a exportação de produtos agrícolas.

4. (Enade –2011) Em seu processo de produção territorial, o Brasil vivenciou longa fase de desarticulação interna, haja vista que a ocupação econômica era estimulada, principalmente, pela demanda de produtos para o comércio exterior. Assim, havia pouca integração interna entre as regiões e maior integração externa, evidenciada pela exportação dos produtos agrícolas e minerais.

Nesse contexto, avalie as seguintes asserções.

Somente em meados do século XX, o território brasileiro passou a ter construída sua integração.

PORQUE

A unificação e a ampliação das redes de transporte e comunicação geram as condições propícias para uma verdadeira integração do território brasileiro. Modificam-se, substancialmente, os fluxos econômicos e demográficos, o que confere novas centralidades aos lugares. Nesse processo, o planejamento estatal foi preponderante para essa reconfiguração territorial, oferecendo diversos incentivos, investindo em infraestrutura e implementando planos de desenvolvimento.

A respeito dessas asserções, assinale a opção correta.

a) As duas asserções são proposições verdadeiras, e a segunda é uma justificativa da primeira.
b) As duas asserções são proposições verdadeiras, mas a segunda não é uma justificativa correta da primeira.
c) A primeira asserção é uma proposição verdadeira, e a segunda, uma proposição falsa.
d) A primeira asserção é uma proposição falsa, e a segunda, uma proposição verdadeira.

e) Tanto a primeira quanto a segunda asserções são proposições falsas.

5. Analise as afirmativas a seguir.

   I. Durante o século XX, o território brasileiro teve suas materialidades renovadas. Novas dinâmicas emergiram no campo e na cidade. As cidades pequenas e o campo passaram a abrigar técnicas modernas, antes concentrada nos grandes espaços urbanos.

   II. Novas áreas agrícolas que apresentam processos produtivos que demandam grande parcela de ciência, técnica e informação, como a agricultura científica, têm formado no Brasil regiões produtivas ligadas ao agronegócio. São os espaços luminosos.

   III. O Matopiba é uma nova área de expansão da agricultura familiar, voltada ao abastecimento do mercado interno brasileiro.

   Está correto o que se afirma em:
   a) I, apenas.
   b) II, apenas.
   c) III, apenas.
   d) I e II, apenas.
   e) I, II e III.

Atividades de aprendizagem

Questões para reflexão

1. Explique os possíveis motivos pelos quais, mesmo com as ações decorrentes do processo de planejamento regional, as desigualdades socioespaciais ainda permanecem no território brasileiro.

2. Cite os novos subespaços correspondentes ao *front* agrícola no território brasileiro e explique os processos que possibilitaram essa expansão.

Atividade aplicada: prática

1. Faça uma pesquisa sobre a região em que o estado onde você vive está situado. Procure levantar dados a respeito das características que explicam a dinâmica regional e investigue também de que maneira a cidade onde você mora participa do processo regional. Você pode recorrer ao banco de dados do IBGE e a publicações como o Censo Agropecuário e Industrial. Em seguida, compare os resultados com as informações obtidas neste capítulo do livro.

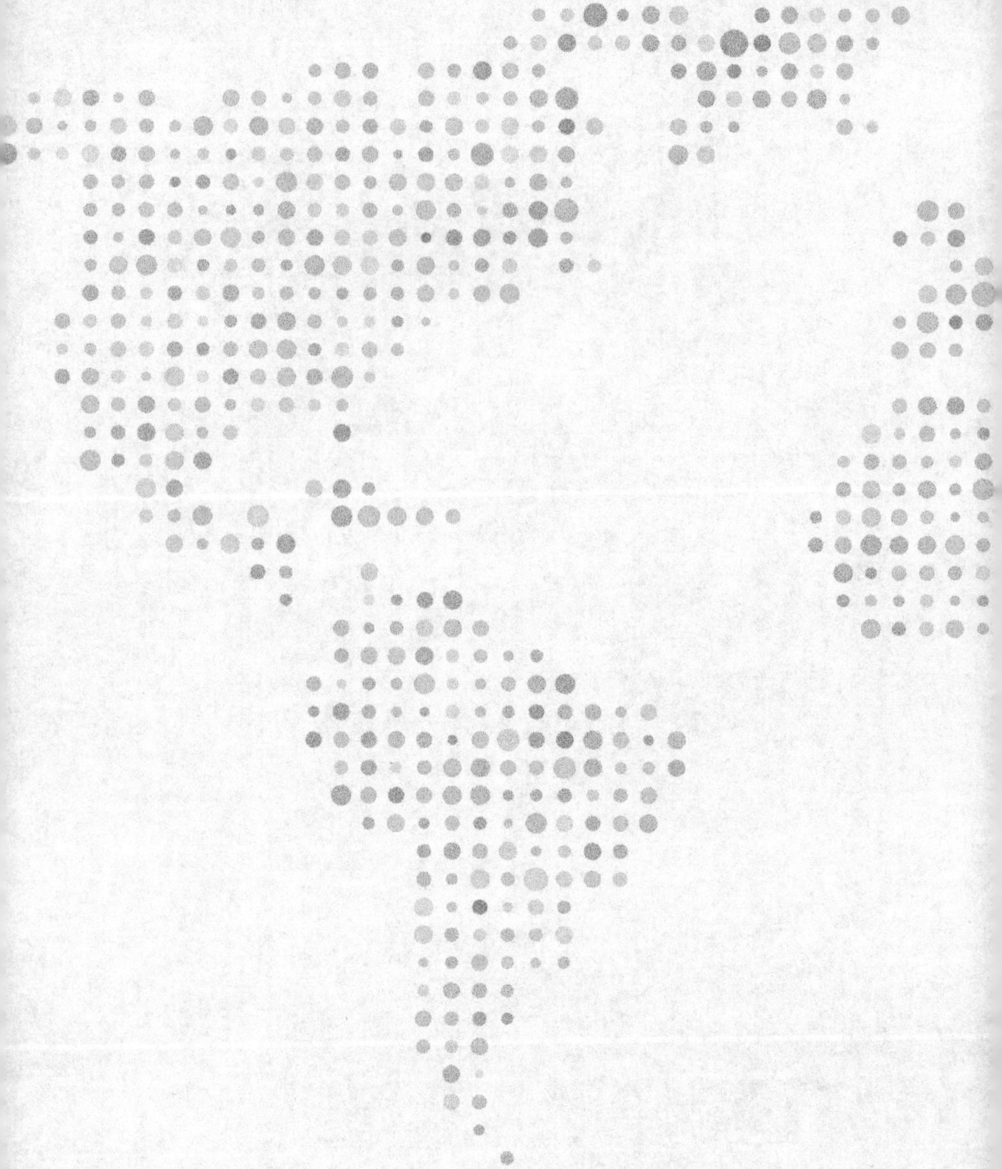

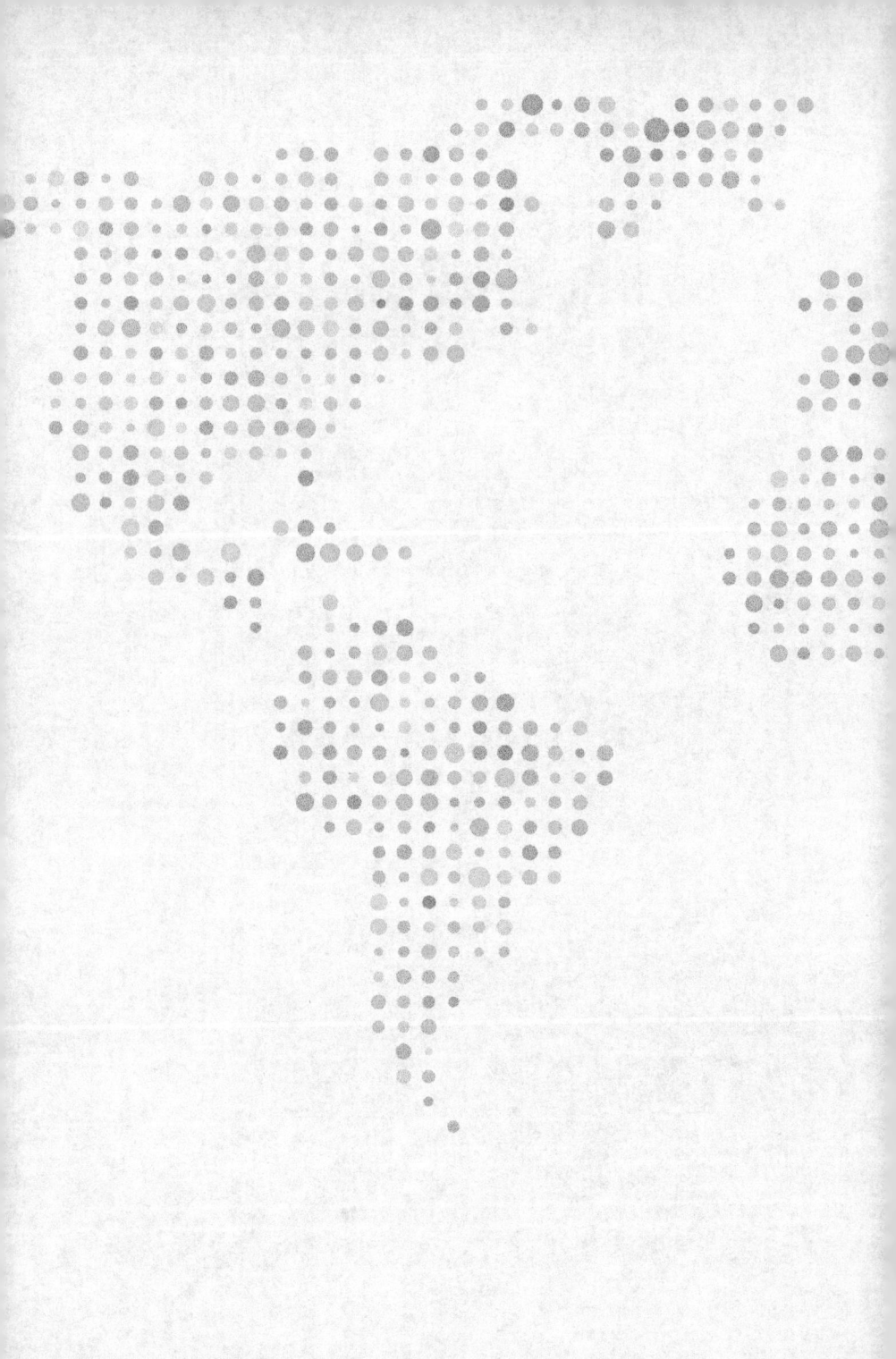

5

Fenômeno urbano contemporâneo e suas repercussões no cotidiano das cidades

Entre os processos espaciais que se destacam no Brasil da contemporaneidade estão as recentes transformações do espaço urbano, que têm repercutido no cotidiano das cidades e dos citadinos, que adquirem um novo modo de ser e de se relacionar. A urbanização e o adensamento populacional geraram enormes bolsões de pobreza, e a população tem vivenciado uma série de problemas, como violência, segregação espacial, déficit habitacional, desemprego, enchentes e deslizamentos de encostas e poluição dos recursos naturais.

> No território brasileiro, a urbanização se desenvolveu de forma acelerada e desigual, e a industrialização ocorreu de forma seletiva pelo território, o que trouxe implicações para a distribuição da população, e também para a economia, o meio ambiente e o funcionamento da sociedade em geral. Para possibilitar a reflexão a respeito dessas questões, o objetivo deste capítulo é descrever as características da população urbana brasileira na contemporaneidade e identificar as principais problemáticas que têm regido os espaços intraurbanos das cidades brasileiras.

5.1 Características gerais da população urbana brasileira

A urbanização é um processo composto de diferentes variáveis, e sua expressão na cidade apresenta singularidades inerentes às características herdadas de sua formação socioespacial. Nos países periféricos, a urbanização ocorreu de modo rápido e está relacionada ao processo de mecanização e modernização dos territórios; por isso, costuma-se vincular o fenômeno da urbanização ao da industrialização (Santos, 1981).

Conforme vimos anteriormente, a dinâmica vivenciada no território brasileiro após a década de 1940 teve como repercussão o aumento da taxa de urbanização (ver Tabela 5.1). Em 1940, pouco mais de 30% da população brasileira habitava as cidades, e o Brasil ainda era um país predominantemente rural. Em 2010, a taxa de urbanização atingiu 84%, segundo dados do Instituto Brasileiro de Geografia e Estatística (IBGE). É relevante ressaltar que a década de 1970 foi o período de inversão desse quadro, quando o Brasil deixou de abrigar a maior parte da população no campo e tornou-se um país majoritariamente urbano.

Tabela 5.1 – Taxa de urbanização brasileira

Período	Taxa de urbanização
1940	31,24
1950	36,16
1960	44,67
1970	55,92
1980	67,59
1991	75,59
2000	81,23
2007	83,48
2010	84,36

Fonte: IBGE, 2019b.

A organização urbana no Brasil é, conforme Santos e Silveira (2001), resultado de uma herança direta da colonização, na medida em que a região litorânea foi lócus das primeiras aglomerações urbanas. Nesses espaços, surgiram as primeiras redes de cidades, que, atualmente, se mostram mais dinâmicas e complexas. Assim, segundo Corrêa (2006, p. 280), "a cidade e a rede urbana reatualizam-se, possibilitando a coexistência de formas e funções novas e velhas". Os diversos núcleos urbanos que foram criados em momentos distintos da história brasileira são resultado de processos econômicos, políticos e sociais caracterizados por uma diversidade de padrões espaciais (Corrêa, 2011).

Para Rochefort (2008), a segunda metade do século XX foi um período marcado pela explosão urbana e demográfica nos países subdesenvolvidos. No Brasil, como consequência espacial desse processo, houve um processo de urbanização acelerado, com o aumento do número e do tamanho das cidades, principalmente dos núcleos com mais de 20 mil habitantes. Somem-se ainda a multiplicação de cidades de tamanho intermediário e um processo de metropolização, com o aumento considerável de cidades milionárias e de grandes cidades médias (estas com, aproximadamente, meio milhão de habitantes).

Para saber mais

De acordo com o IBGE (2017b), o Brasil tem uma população de 207,7 milhões de habitantes, distribuídos em 5.570 municípios de 27 unidades da Federação. Dezessete municípios têm população superior a um milhão de habitantes, o que corresponde a 21,9% da população brasileira. O município que contém o menor número de habitantes é Serra da Saudade (MG), que conta com 812 pessoas vivendo em seu território. No *ranking* dos estados, Roraima, situado na Região Norte, é o menos populoso e, São Paulo, na Região Sudeste, é aquele que apresenta o maior número de habitantes. Os municípios com até 20 mil habitantes são os mais numerosos e correspondem a 68,3% dos municípios do Brasil, onde vivem cerca de 15,5% da população brasileira, o que significa que, no ano de 2017, mais de 50% da população brasileira vivia em municípios com mais de cem mil habitantes.

Em algumas cidades, o dinamismo apresentado pela economia cafeeira durante a primeira metade do século XX possibilitou a formação de uma complexa rede intrarregional, em que os investimentos em infraestrutura destinados a viabilizar a produção beneficiaram a formação de um parque industrial. A consolidação de um núcleo industrial introduziu modificações significativas na dinâmica espacial brasileira, cujo vetor de expansão territorial se estendeu a partir das necessidades demandadas pelo centro industrial (Becker; Egler, 1993).

A região industrializada tinha uma configuração espacial estabelecida a partir de um centro localizado no Sudeste que se espraiava até o Sul. Esse subespaço representava o Brasil metropolitano e concentrou, em 1960, cerca de 85% da renda nacional com um fluxo intenso de mercadorias, força de trabalho e capitais. A diferenciação regional do Centro-Sul já indicava tendências de uma especialização regional (Becker; Egler, 1993). A formação de uma Região Concentrada ocorreu com a primazia de dois grandes núcleos metropolitanos: as cidades do Rio de Janeiro e de São Paulo, onde é possível observar formas diversas de organização da vida urbana e de atividades industriais que caracterizavam a região. Havia uma periferia integrada a esses grandes centros, e para eles era disponibilizada matéria-prima para o funcionamento da indústria.

A integração dos transportes e das telecomunicações possibilitou a efetivação do êxodo rural da população em busca de emprego. Na década de 1970, o crescimento de grandes cidades ocorreu em todas as regiões do país. Por isso, Souza (1994) afirma que a população brasileira se urbanizou rapidamente, mas se estabeleceu aglomerando-se em poucos centros. O fenômeno da metropolização expressou a rapidez com se urbanizou o espaço nacional brasileiro. Em 1950, a participação da população nos grandes centros metropolitanos correspondia a um percentual de 18%; em 1980, passou a 29%. No ano de 2011, as quinze regiões metropolitanas mais populosas somaram 71,7 milhões de habitantes (37,25% da população total), conforme é possível perceber ao analisar o Mapa 5.1.

Mapa 5.1 - Municípios mais populosos do Brasil em 2010

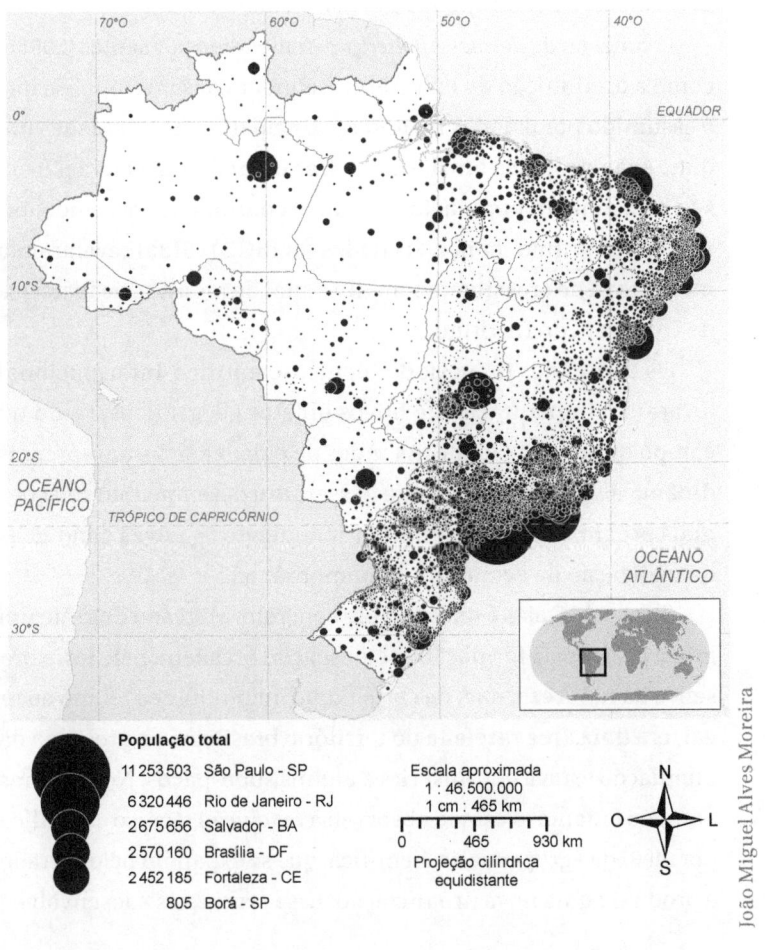

População total

11 253 503	São Paulo - SP
6 320 446	Rio de Janeiro - RJ
2 675 656	Salvador - BA
2 570 160	Brasília - DF
2 452 185	Fortaleza - CE
805	Borá - SP

Escala aproximada
1 : 46.500.000
1 cm : 465 km

0   465   930 km

Projeção cilíndrica equidistante

Fonte: Somain, 2011.

A continuidade do processo de urbanização e do aumento da população urbana espalhou a presença das metrópoles pela maior parte do território brasileiro, conforme podemos visualizar no mapa acima. Em 2010, o país apresentava quinze cidades com mais de 1 milhão de habitantes. No entanto, os dados estatísticos apontam uma tendência importante na configuração urbana do Brasil: um duplo movimento, com a desmetropolização das grandes cidades e a metropolização das cidades médias.

O conceito de *desmetropolização* é entendido por Santos (2008b) como a diminuição do nível de crescimento das metrópoles, que é assumido por cidades menores, principalmente as cidades médias. As metrópoles brasileiras sofreram uma desaceleração em seu crescimento populacional, isto é, continuam crescendo, porém em um ritmo menor. Os dados do IBGE (2013a) revelaram a menor taxa de crescimento médio anual de toda a série histórica de contagem do Instituto.

Os conteúdos do período técnico-científico-informacional levaram à implantação de novos objetos geográficos, tanto no campo quanto na cidade. As redes de cidades se tornaram mais dinâmicas, na medida em que passaram a desempenhar relações mais próximas com o campo, respondendo às novas condições de realização da economia contemporânea.

O caso de Goiás é um exemplo concreto. Marcado durante um longo período da formação socioespacial brasileira pela forte presença da natureza, que, de certo modo, impunha seu tempo ao lugar, era uma área rarefeita do território brasileiro e a presença da população estava circunscrita a alguns subespaços. Nos últimos anos, no entanto, o estado absorveu a revolução técnico-científica por meio da agropecuária científica, que se expandiu pelo cerrado e produziu uma nova urbanização. Esse processo se desenvolveu acompanhado de uma maior especialização do trabalho e um consumo produtivo, voltado ao fornecimento de insumos a áreas de atividades agrícolas. O Estado de Goiás obteve o maior crescimento populacional da Região Centro-Oeste, e a capital, Goiânia, hoje tem uma população de cerca de 1,3 milhão de habitantes.

Um dos principais fatores que explicam esse aumento da população é o crescente número de migrantes, superior à média nacional, que o estado vem recebendo nas últimas décadas. Goiás recebeu grande quantidade de migrantes de vários estados, principalmente Distrito Federal, Bahia, Minas Gerais, São Paulo, Tocantins e Maranhão, sendo classificado pelo IBGE como área de média absorção migratória. Os dados revelam também um processo de diminuição da população rural: no ano de 2012, houve uma queda de 12,7% na população estadual.

A especialização dos lugares constitui um fenômeno marcante na urbanização do território brasileiro. Cidades locais têm desempenhado papéis notadamente rentáveis para o capital e articulam-se diretamente com agentes internacionais, sem passar pelo escalonamento da hierarquia urbana. Isso significa que, para estabelecerem negócios ou transações comerciais, as cidades não dependem mais dos centros ou cidades que desempenham papéis de destaque no contexto da hierarquia de cidades e da rede urbana. Rompe-se com isso o clássico percurso da produção e do consumo cidade local–centro regional–metrópole, pois, com as novidades organizacionais e tecnológicas atuais, é possível, por exemplo, estando em Bodó (SP), com o auxílio da internet, adquirir um produto vendido na China, sem passar pela rede de cidades nacional. Assim, novas localizações participam do processo de divisão territorial do trabalho e podem ser entendidas como implicações atuais do processo de modernização.

Um exemplo da importância das cidades locais e de seu conteúdo no território brasileiro são os dez municípios que apresentaram os maiores índices do PIB (Produto Interno Bruto) *per capita* em 2015. Segundo o IBGE (2017a), esses municípios tinham baixa densidade demográfica, mas juntos somavam 1,3% do PIB brasileiro e apenas 0/1% da população. Quanto às principais atividades econômicas por eles desenvolvidas, observou-se a seguinte tipologia:

» Presidente Kennedy (ES), São João da Barra (RJ) e Ilhabela (SP) eram produtores de petróleo;
» Paulínia (SP) e São Francisco do Conde (BA) tinham indústria de refino;
» Louveira (SP) concentrava centros de distribuição de grandes empresas;
» Triunfo (RS) era sede de polo petroquímico;
» Selvíria (MS) e Araporã (MG) tinham hidrelétricas;
» Gavião Peixoto (SP) tinha indústria de equipamentos de transporte.

Os municípios de médio porte protagonizaram números mais expressivos de aumento da população entre os anos 2000 e 2011 (ver Gráfico 5.1), especialmente aqueles com população entre 100 mil e 200 mil habitantes, destacando-se os municípios cujas economias estão voltadas para o agronegócio, as atividades petrolíferas e aqueles que demandam mão de obra para a construção civil. O Gráfico 5.1 aponta um saldo negativo no crescimento populacional dos municípios de até 10 mil habitantes, ao passo que os municípios de 100 mil a 500 mil habitantes obtiveram as maiores taxas anuais no período.

Gráfico 5.1 – Taxa média de crescimento anual segundo o tamanho dos municípios – 2000-2011

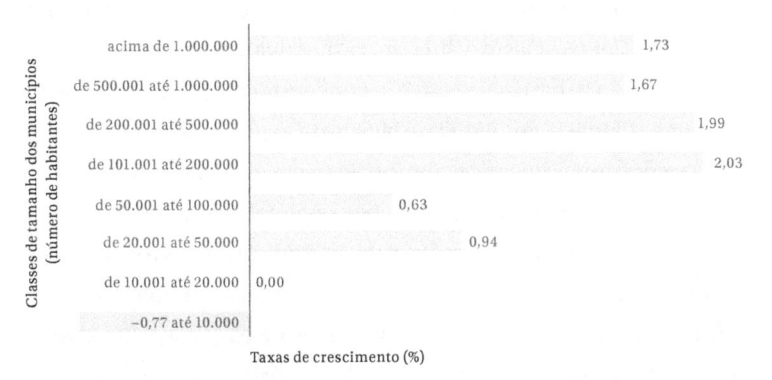

Classes de tamanho dos municípios (número de habitantes)	Taxas de crescimento (%)
acima de 1.000.000	1,73
de 500.001 até 1.000.000	1,67
de 200.001 até 500.000	1,99
de 101.001 até 200.000	2,03
de 50.001 até 100.000	0,63
de 20.001 até 50.000	0,94
de 10.001 até 20.000	0,00
–0,77 até 10.000	

Fonte: Stamm; Staduto; Lima; Wadi, 2013, p. 261.

De acordo com o IBGE, entre 2000 e 2010, as regiões Norte e Centro-Oeste mostraram as maiores taxas de crescimento urbano. Entre as unidades da Federação, de forma geral, as mais populosas são também as que têm maiores populações urbanas. O maior grau de urbanização ocorre nos municípios do Rio de Janeiro (96,7%), do Distrito Federal (96,6%) e de São Paulo (95,9%).

Os estados com os menores percentuais de população vivendo em áreas urbanas estão concentrados nas regiões Norte e Nordeste, sendo Maranhão, Piauí, Pará, Bahia e Acre os que apresentam os cinco menores índices. A Região Nordeste ainda concentrava em 2010 quase a metade da população rural do Brasil, mas também perdeu contingentes populacionais rurais. Contrariamente aos estados que perderam população rural, as regiões Norte e Centro-Oeste aumentaram suas populações no campo. A Região Norte concentra os quatro estados que tiveram a maior taxa de crescimento da população rural: Roraima, Amapá, Pará e Acre.

Ainda segundo o estudo do IBGE, a Região Sudeste foi a que mais perdeu população rural e continua sendo a região mais urbanizada do país, com o percentual de 92,9% de população urbana. As regiões Centro-Oeste e Sul têm, respectivamente, 88,8% e 84,9% de população urbana. No Norte, a concentração de pessoas que vivem nas cidades é de 76,6%; no Nordeste, o número chega a 73,1%.

Ao compreendermos a composição espacial da população urbana brasileira e suas diferenciações regionais, podemos perceber a dinâmica dos processos referentes às concentrações e dispersões do fenômeno urbano pelo território. Além disso, podemos enxergar o peso das heranças e os novos usos de espaços submetidos a lógicas do capital no atual período histórico, lógicas espaciais que têm perpetuado ou ajudado a promover desigualdades de todas as ordens no território brasileiro.

5.2 Desigualdades socioespaciais

O Brasil, território de dimensões continentais, sempre apresentou um meio natural e paisagístico complexo. No entanto, seu uso esteve historicamente marcado por relações econômicas, políticas e culturais desiguais que caracterizam a sociedade brasileira e continuam se reproduzindo em diferentes escalas. Furtado (2009), ao elaborar um arcabouço teórico sobre a temática do desenvolvimento, afirmou que as desigualdades no país estão ligadas ao subdesenvolvimento econômico brasileiro e têm suas origens na formação econômica e territorial iniciada no Brasil Colônia. Para ele, essas desigualdades têm relações diretas com a instalação da economia de *plantation* voltada para o mercado externo, o aumento da concentração da propriedade fundiária e o processo de industrialização realizado entre o final do século XIX e a primeira metade do século XX.

Ainda segundo Furtado (2009), há dois momentos marcantes na formação do território brasileiro. No primeiro, configurou-se um país policêntrico, formado por ilhas de atividades econômicas dispersas pelo litoral, que asseguravam as conexões com os nexos externos. No segundo momento, houve a introdução de objetos fixados ao solo, como as estradas de ferro, que conferiram maior dinamicidade ao território, principalmente na Região Sudeste, onde se criaram uma rede de ferrovias e um intercâmbio baseado na divisão territorial do trabalho.

A concentração da atividade industrial cafeeira que ocorreu nessa parcela específica do território do país favoreceu, conforme Santos e Silveira (2001), a formação de uma Região Concentrada, mais densa em fixos e fluxos que o restante do país. A fixação de objetos ao solo e os níveis de relações dentro da região aumentaram, mas não se deram na mesma proporção observada no restante do país. Com base nesses autores, podemos então concluir que, a partir dos eventos anteriormente descritos, foram lançadas as bases das disparidades socioespaciais no Brasil.

No período atual, marcado pela possibilidade de implantação de objetos constituídos de técnica, ciência e informação nos territórios, as desigualdades socioespaciais apresentam novos conteúdos e novos arranjos territoriais. O meio técnico-científico-informacional passou a atuar como (re)organizador dos espaços, porém atingindo os lugares de maneiras e intensidades diferentes. Assim, tanto o meio urbano quanto o rural sofreram configurações mais ou menos intensas, o que levou a modificações nos arranjos técnicos e organizacionais do território.

Uma das maneiras de compreender as desigualdades socioespaciais é mediante a análise da presença dos espaços opacos e luminosos. Os chamados *espaços luminosos*, segundo Santos e Silveira (2001), são espaços que acumulam maiores níveis de densidades técnicas e informacionais. Assim, estão mais aptos a atrair atividades e investimentos com maior conteúdo em capital e tecnologia. Os espaços onde essas características não se apresentam ou são escassas, por sua vez, são denominados de *espaços opacos*. Ou seja, não desempenham um papel de comando na dinâmica territorial.

As diferenças de densidades (material e imaterial, técnicas, informacionais) de população urbana, rural, estrutura produtiva, emprego, consumo, estrutura e fluxos de movimento de pessoas, dinheiro, mercadorias e ideias entre as regiões apontam um uso seletivo e corporativo do território brasileiro. É por essa seletividade de objetos e ações que podemos afirmar que há no Brasil uma oposição clara entre os espaços luminosos e os espaços opacos. Todavia, é importante ressaltar que, mesmo nas regiões mais luminosas do território brasileiro, caso da Região Concentrada, há, internamente, subespaços de escassez ou de opacidade, tendo em vista que a riqueza, a infraestrutura e os fluxos de informação, dinheiro e pessoas têm uma expressão desigual ao observarmos sua repartição no território.

O Nordeste, região do Brasil de ocupação mais antiga, historicamente apresentou uma menor variedade de formas espaciais, caracterizando-se pelo baixo acúmulo de objetos fixos. O fenômeno da globalização criou áreas de atividades econômicas modernas, como o vale irrigado do São Francisco, porém os subespaços de modernização se instalaram em meio a áreas de estagnação econômica e bolsões de pobreza. A Amazônia também é uma área que acumulou poucos objetos artificiais na composição de seu território. A terra foi utilizada como reserva de valor para utilização posterior, com a exploração dos recursos naturais e minerais. Em meados da década de 1970, a área foi definida como a nova fronteira do capital, recebendo correntes migratórias e investimentos pontuais de capital.

Com o processo de globalização, as formações socioespaciais precisam estar cada vez mais conectadas nos âmbitos nacional e global. Para que essa conexão ocorra de fato, é necessária a presença de novos objetos fixos e de fluxos instalados. Entretanto, como já vimos, a distribuição de vários sistemas de objetos necessários à vida econômica e social dos lugares se estabelece de maneira seletiva e desigual pelos territórios. Com a visualização dos Mapas 5.2 e 5.3 (a seguir), é possível compreender as diferenças que ocorrem na espacialização de alguns conteúdos e de densidades, consequência da instalação desigual de sistemas de objetos pelo território brasileiro.

O Mapa 5.2 mostra que o território brasileiro apresenta expressiva concentração de um sistema técnico importante, as linhas de transmissão do sistema elétrico. O primeiro serviço público de iluminação elétrica do Brasil surgiu no final do século XIX. O país foi o pioneiro na instalação desse sistema na América do Sul. No entanto, conforme os dados mais recentes, expostos na cartografia reproduzida, o país ainda concentra o acesso às linhas de transmissão de energia elétrica na porção oriental de seu território. Ocorre também uma concentração no Centro-Oeste do país, onde estão presentes atividades agrícolas produtoras de *commodities*, como a soja.

Além disso, o mapa indica que a Região Concentrada, correspondente aos estados das regiões Sudeste e Sul, apresenta expressiva centralização tanto dos números de circuitos de transmissão de energia elétrica quanto da capacidade de quilovolts. Na Região

Norte e em uma porção do Nordeste não observamos acréscimos significativos desses sistemas, o que explica as áreas de densidade e de rarefação que compõem o território brasileiro.

Mapa 5.2 – Sedes municipais conectadas por linha de transmissão do Sistema Elétrico Nacional

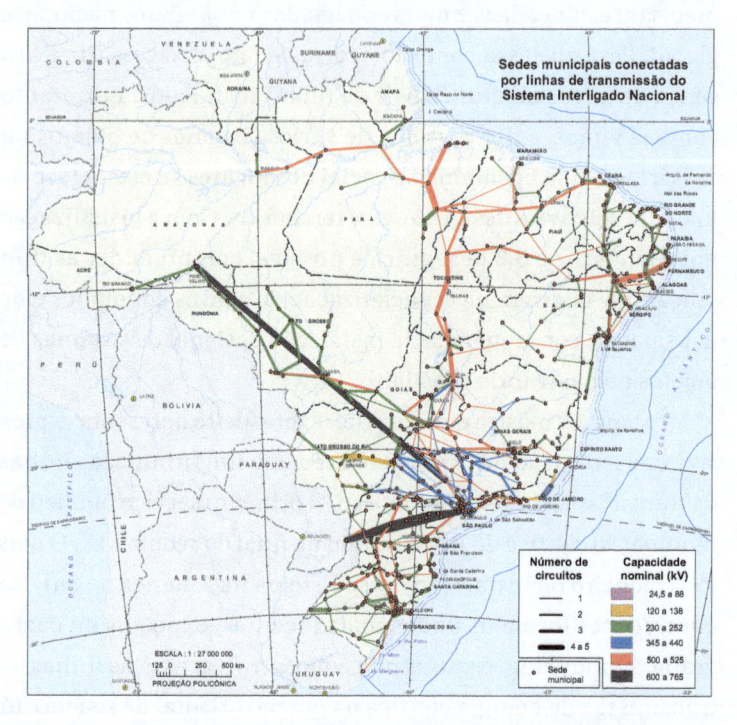

Fonte: IBGE, 2016, p. 80.

O acesso a bens e serviços, como computadores com internet, carros particulares, telefones, celulares e geladeiras, e os fluxos do sistema aéreo são elementos que também explicam a criação de zonas de densidade e de rarefação. O Mapa 5.3 exibe a localização dos domicílios brasileiros que têm computador com acesso à internet. Podemos observar que o processo de concentração espacial do bem e do serviço se repete, tal como na cartografia anterior, e, novamente, que as regiões Norte e Nordeste apresentam as áreas mais rarefeitas do país.

Mapa 5.3 – Microcomputador com acesso à internet em 2010

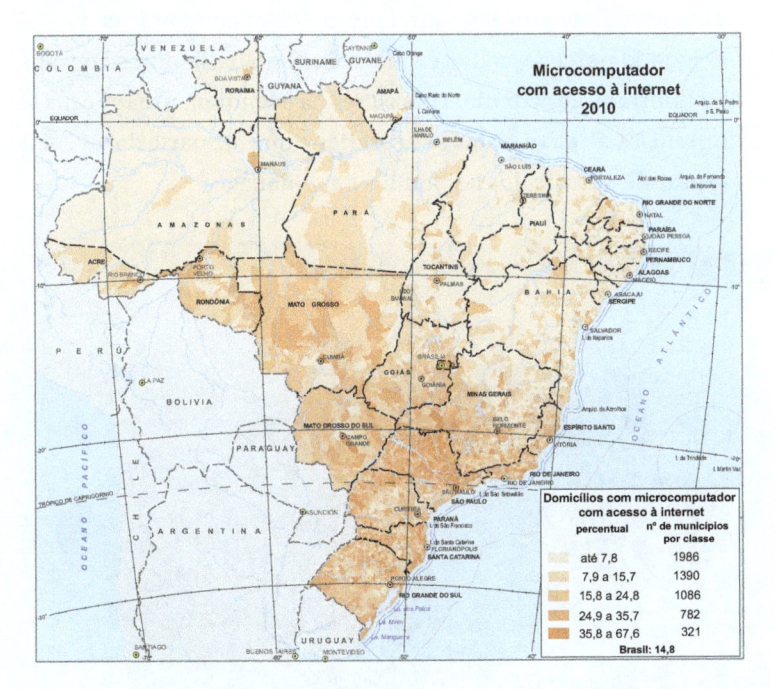

Fonte: IBGE, 2013a, p. 127.

As desigualdades socioespaciais se tornam ainda mais evidentes quando analisamos indicadores como pobreza monetária, taxa de desocupação (ver Mapa 5.4), trabalho informal e mesmo a distribuição espacial desses dados por raça. É importante ressaltar que, ainda que, as regiões Norte e Nordeste tenham vivenciado, ao longo da última década, um processo de dinamismo econômico, o qual repercutiu positivamente em indicadores de emprego e renda, a maior parte da população desocupada encontra-se nessas regiões.

O desemprego é um dos problemas mais complexos vivenciados pelos citadinos atualmente. O processo de globalização, o desenvolvimento tecnológico, a desindustrialização, a terceirização e a concentração de renda têm causado o denominado *desemprego estrutural*. Esse processo, atrelado às crises econômicas, tem direcionado parcelas cada vez maiores de trabalhadores ao trabalho informal, aos circuitos inferiores da economia urbana, que se tornam alternativa à pobreza cotidiana que faz parte da vivência de grande parcela dos habitantes das cidades.

Mapa 5.4 – Taxa de desocupação – 2016

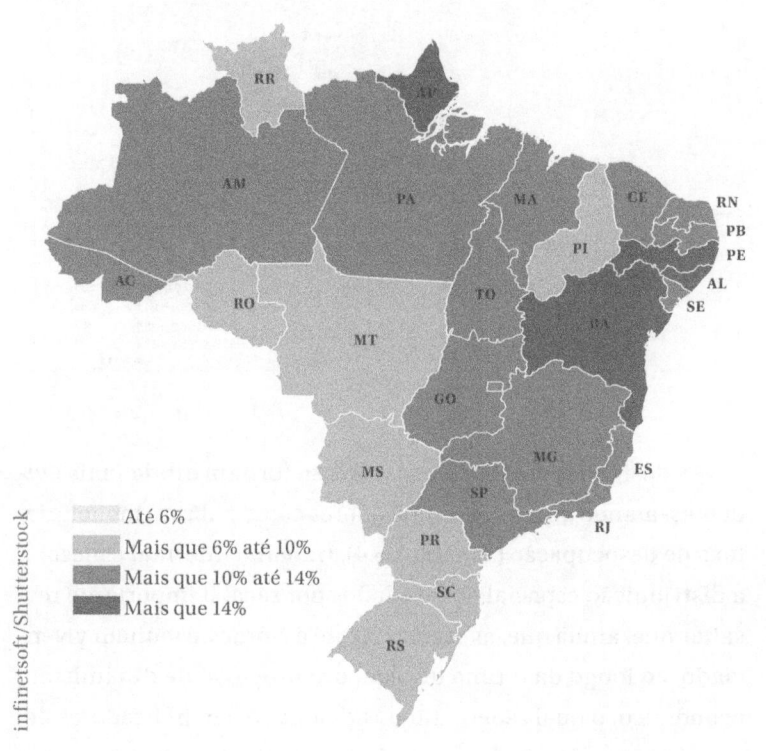

Até 6%
Mais que 6% até 10%
Mais que 10% até 14%
Mais que 14%

Fonte: IBGE, 2017b.

Segundo o IBGE (2017b), no ano de 2016, a maioria das unidades federativas do país apresentou uma taxa de desocupação de 14% ou mais. Os estados da Federação que tiveram as maiores taxas de desocupação são: Amapá, Bahia (ambos com 15,6%) e Pernambuco (14,8%). Os estados do Sul e do Centro-Oeste apresentaram as menores taxas de desocupação: Santa Catarina (6,1%), Mato Grosso (6,9%) e Rio Grande do Sul (7,7%).

A população preta ou parda está mais vulnerável à situação de desemprego. Segundo o estudo *Os negros nos mercados de trabalho metropolitanos*, publicado pelo Departamento Intersindical de Estatística e Estudos Socioeconômicos (Dieese, 2016), apesar de quase 50% da população brasileira se considerar negra, composta de pretos ou pardos, a segregação no mercado de trabalho se expressa com clareza por meio de indicadores desfavoráveis de emprego, rendimento e qualidade da ocupação. Uma análise mais detalhada da taxa de desocupação revela que a população preta e parda localizada nos estados das regiões Norte e Nordeste é a mais afetada, como podemos observar no Mapa 5.5. Os estados da Bahia, do Amapá e de Pernambuco tinham 16%, de negros e pardos desocupados em 2016.

Mapa 5.5 – Taxa de desocupação – 2016: população preta e parda

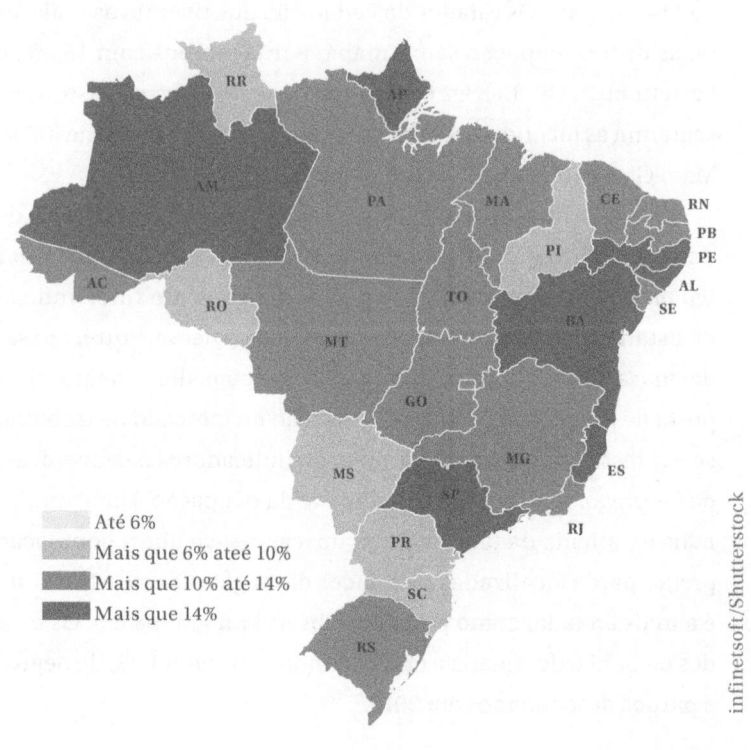

- Até 6%
- Mais que 6% ateé 10%
- Mais que 10% até 14%
- Mais que 14%

infinetsoft/Shutterstock

Fonte: IBGE, 2017b.

As desigualdades regionais ganham conteúdos mais acentuados quando são expostas as diferenças entre os rendimentos médios auferidos pelos trabalhadores informais. O Mapa 5.6 revela a menor incidência de trabalhadores informais nas unidades federativas das regiões Sul e Sudeste, com destaque para Santa Catarina (22,3%) e São Paulo (27,8%), em 2016. O Piauí e o Maranhão, no Nordeste, e o Pará e o Amazonas, no Norte, tinham mais de 60,0% de seus trabalhadores em empregos informais (IBGE, 2017b).

Mapa 5.6 – Taxa de ocupação no setor informal da economia – 2016

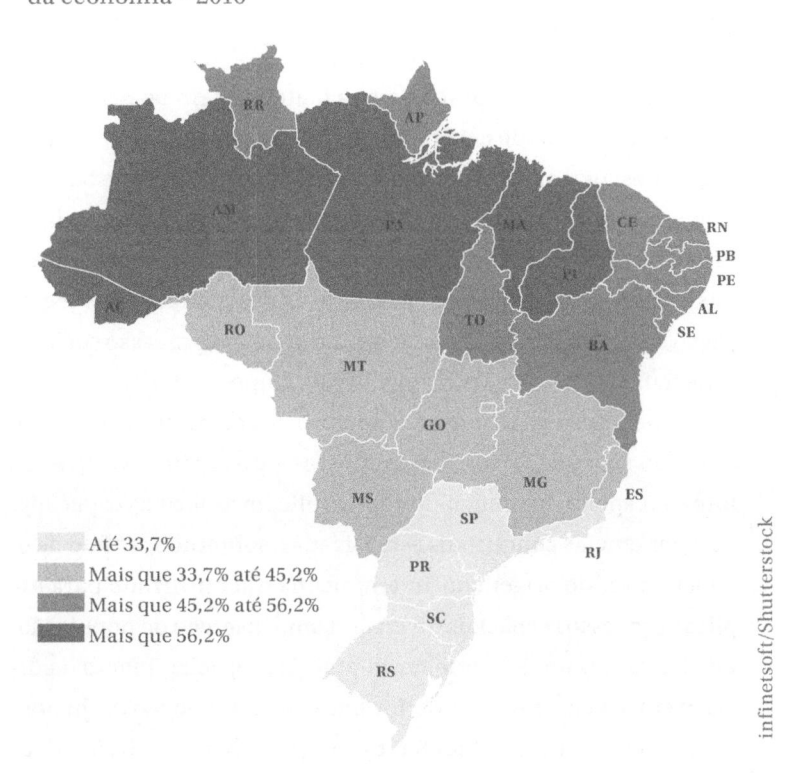

- Até 33,7%
- Mais que 33,7% até 45,2%
- Mais que 45,2% até 56,2%
- Mais que 56,2%

Fonte: Adaptado de IBGE, 2017b.

Mesmo sendo as grandes cidades um conjunto de possibilidades, onde estão concentrados comércios, serviços públicos e privados e oportunidades de trabalho, não são todos os habitantes que conseguem usar esses equipamentos para suprir suas necessidades. Ao mesmo tempo que a cidade oferece sonhos e possibilidades, nela também se verificam processos de segregação socioespacial, que serão abordados com maior profundidade a seguir.

5.3 Segregação socioespacial brasileira

As desigualdades socioespaciais se materializam de modo multiescalar. Nas cidades, o fenômeno pode ser apreendido na paisagem desigual, nas periferias e favelas, na construção de bairros e condomínios. Assim, o processo de segregação socioespacial é um conceito importante que vem sendo utilizado na compreensão das formas e dos processos referentes às desigualdades. A segregação socioespacial, como o nome indica, é um processo social e espacial, que envolve vários agentes e campos de forças.

As pesquisas e discussões sobre o conceito de *segregação* têm sido suscitadas por concordâncias e divergências entre autores a respeito dos conteúdos que explicam as formas espaciais. As divergências conceituais estão ligadas, sobretudo, ao fato de o conceito ser de origem norte-americana e ser utilizado para explicar processos espaciais diversos, como inserção de população de imigrantes no território norte-americano, acirramento da divisão entre negros e brancos, formação e manutenção de guetos.

Villaça (2011), ao estudar a segregação urbana e a desigualdade em São Paulo, insere o debate no contexto brasileiro e afirma que nossas metrópoles apresentam uma característica marcante: a discrepância entre os mais ricos e os mais pobres. Conforme Villaça (2011, p. 37), "nenhum aspecto do espaço urbano brasileiro poderá ser jamais explicado/compreendido se não forem consideradas as especificidades da segregação social e econômica que caracteriza nossas metrópoles, cidades grandes e médias".

É importante ressaltar que o conceito de *segregação espacial* não se aplica apenas à esfera residencial dos espaços urbanos. A segregação socioespacial tem também dimensões políticas e ideológicas, pois é resultado de relações de poder e fruto de decisões de agentes que conseguem escolher localizações em qualquer fração do espaço.

Embora no território brasileiro não tenha havido a formação de guetos, os agentes do espaço urbano que atuam como forças hegemônicas conseguem reconstruir espaços impondo uma divisão espacial e social (Villaça, 2011). Nesse sentido, as grandes empresas e os segmentos da sociedade brasileira constituídos por aqueles com rendimentos mais elevados conseguem escolher a localização de suas habitações, equipamentos e serviços necessários à sua reprodução social. Em contrapartida, é possível observar que uma parcela significativa da população vive em locais carentes de infraestruturas e equipamentos urbanos básicos.

Assim, o espaço, resultado de uma construção social, é valorizado diferentemente (Santos, 1987). A diferença de renda dos habitantes, a localização seletiva dos equipamentos urbanos, o preço do solo urbano, a distribuição espacial por cor e raça, a espacialização do voto eleitoral e o próprio processo de planejamento urbano, que escolhe subespaços para dotar de melhores condições infraestruturais, evidenciam a segregação espacial.

O caso de São Paulo é emblemático. O movimento social Rede Nossa São Paulo divulgou, em 2017, o mapa das desigualdades da cidade e concluiu que os dados revelam problemas de expressiva gravidade. De acordo com a pesquisa desenvolvida, em cinco anos de monitoramento, o processo de segregação socioespacial apresentou poucas alterações. No ano de 2016, o bairro Jardim Paulista, área que concentrou a maior renda de São Paulo, exibiu uma expectativa de vida de 79 anos. O Jardim Ângela, área periférica e pobre, localizada no sudoeste da cidade, apresentou uma expectativa de vida de apenas 55 anos.

As habitações subnormais da cidade de São Paulo, denominação utilizada pelo IBGE para se referir a favelas, também estão espacializadas no Mapa 5.7. As áreas mais escuras do segundo cartograma apontam a maior concentração dessas habitações. Distritos como Capão Redondo e Vila Andrade, localizados no sudoeste da cidade, têm, respectivamente, mais de 31% e 50% de seus domicílios em favelas, enquanto onze distritos da cidade, localizados na área central da cidade, não apresentam áreas favelizadas.

Mapa 5.7 – Média de idade ao morrer e porcentagem de domicílios que ficam em favelas em São Paulo – 2016

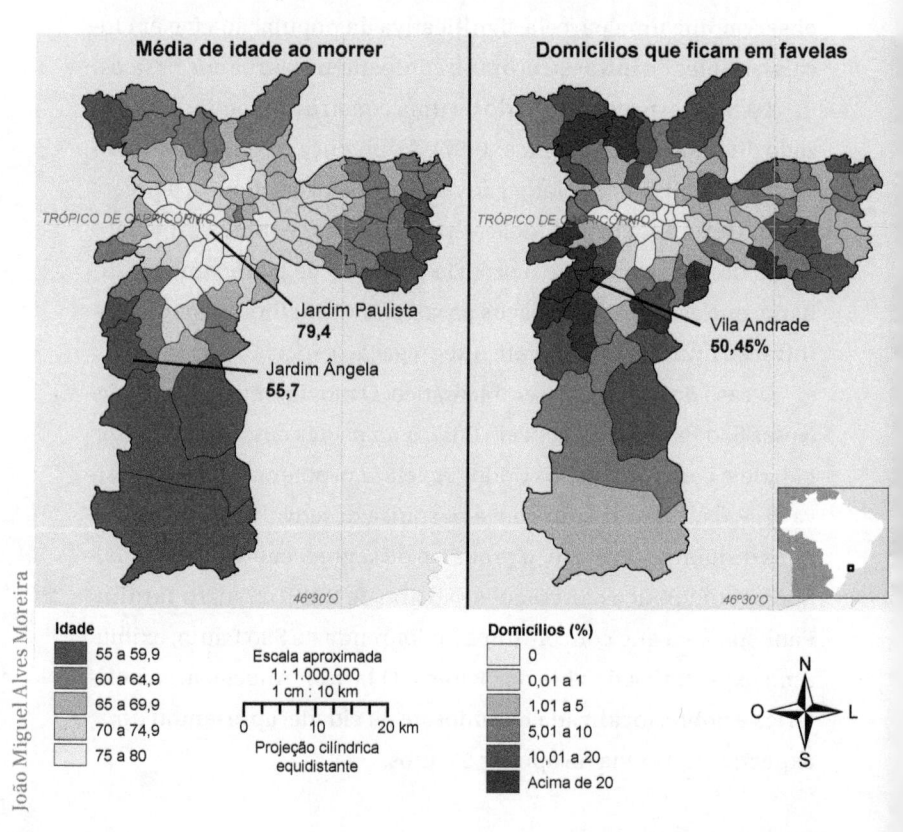

Fonte: Barbon, 2017

No Brasil, não há uma política de Estado institucionalizada para promover a divisão entre ricos e pobres, negros e brancos, mas há a formação de assentamentos precários, como as favelas e periferias. Estas recebem e abrigam, historicamente, grandes contingentes populacionais de pobres, que são em sua maioria negros.

Para saber mais

As favelas brasileiras têm suas origens ainda no século XIX, ligadas ao processo de urbanização da cidade do Rio de Janeiro. Apresentando problemas sérios de moradia e sem parar de crescer, o Rio de Janeiro, na condição de capital do Brasil, passou por transformações. O prefeito Pereira Passos implementou a Reforma Passos, modificação urbana que demoliu habitações populares e inseriu vias e prédios modernos, muitos deles baseados na arquitetura parisiense. O Morro da Providência foi o primeiro morro ocupado na cidade do Rio de Janeiro, por soldados que lutaram na Guerra de Canudos e passaram a chamar o local de *favela*, em referência a uma árvore da caatinga de mesmo nome. Da década de 1940 em diante, houve um processo de expansão das áreas metropolitanas e formação de grandes periferias no interior dos espaços urbanos. Nesse período, ocorreram também a dinamização do processo de industrialização no Brasil e o aumento expressivo de fluxos migratórios das zonas rurais para grandes cidades, principalmente da Região Sudeste, com formação de enormes aglomerados populacionais, caracterizados pela pobreza, pela falta de equipamentos de infraestrutura urbana e pela autoconstrução das moradias. A partir disso, o termo *favela* se popularizou e passou a representar as áreas mais empobrecidas das cidades brasileiras.

Também por meio do planejamento e das ações do Estado, uma parcela da sociedade, detentora de maior poder aquisitivo, consegue dotar de infraestrutura locais que habitam, frequentam e sobre os quais detêm influência, além de atrair para áreas mais abastadas equipamentos públicos, como áreas verdes e parques. Ou seja, o Estado, respaldado por seu aparato institucional, atua como planejador e privilegia determinadas classes sociais com intervenções baseadas em instrumentos como os planos diretores, o zoneamento urbano e as demais legislações urbanas.

Para Sposito e Góes (2013) e Vasconcelos (2013), existem dois elementos importantes na constituição do processo de segregação materializados na dinâmica dos espaços urbanos: o primeiro é de caráter involuntário, sendo por isso chamado de *segregação involuntária*; o segundo é de caráter voluntário, denominado de *autossegregação*.

A segregação involuntária é aquela em que uma parte da população, desprovida de opções (seja de renda, seja de mobilidade), é forçada a habitar determinados lugares da cidade. Para Sposito e Góes (2013, p. 281), há o uso coercivo de forças convergindo na organização dessa divisão espacial. Contudo, esse uso nem sempre se apresenta em forma de violência física. No caso do Brasil, por exemplo, pode se apresentar por meio de normas restritivas de uso e ocupação do solo, por parte do Estado, e por meio de poder político e especulação imobiliária, por parte do mercado (Villaça, 2011).

Quanto ao processo de segregação voluntária ou autossegregação, a lógica é invertida. Nesse contexto, grupos com maiores condições de renda e mobilidade têm se autossegregado por acreditarem não fazer parte da totalidade da cidade (Sposito; Góes,

2013). Esses grupos fecham-se em empreendimentos exclusivos, como os condomínios fechados e os bairros de classe média alta.

Nos últimos dezoito anos, segundo Caldeira (2000), as formas de interação urbana têm sofrido modificações significativas, marcadas pela proximidade espacial entre grupos heterogêneos que, entretanto, estão cada vez mais separados socialmente. A materialidade dessa separação manifesta-se pela presença de muros e pela utilização de técnicas de segurança e de distanciamento social cada vez mais sofisticadas.

A população pobre habita a cidade, mas não a usufrui da mesma forma que as classes mais abastadas, não tem o mesmo *status* social, tampouco econômico. Assim, mesmo residindo simultaneamente nas cidades, pobres e ricos estão fisicamente próximos, porém socialmente distantes. As paisagens urbanas do Brasil têm revelado a existência de muros altos, guaritas e modernos equipamentos de segurança, separando habitantes abastados e a população mais pobre. A cidade que acolhe é também a cidade que segrega.

Na Figura 5.1, é possível visualizar um exemplo de proximidade física entre os residentes de alto poder aquisitivo e a população de baixa renda que habitam o mesmo bairro da cidade de São Paulo. A imagem, que constitui um exemplo concreto da situação de desigualdade presente na configuração das cidades brasileiras, foi captada pelo jornalista Tuca Vieira e divulgada internacionalmente, tornando-se uma ilustração da desigualdade social no Brasil. Os muros, a composição das habitações e o tamanho dos terrenos da comunidade de Paraisópolis e do Bairro do Morumbi exemplificam o conteúdo das paisagens das grandes metrópoles brasileiras, os abismos sociais e suas configurações atuais no espaço geográfico.

Figura 5.1 – Proximidade física do Bairro do Morumbi e da comunidade de Paraisópolis

Tuca Vieira/Folhapress

Para Caldeira (2000), a desigualdade tornou-se mais explícita e agressiva, na medida em que aumentaram as tensões entre os habitantes do espaço urbano, o que faz com que o sentimento de tolerância seja amortecido e o interesse pela busca comum de soluções para os problemas urbano desapareça. Nesse contexto de tensões, emergiu na sociedade brasileira uma série de debates sobre a questão da violência urbana e da segurança pública. Em 2016, o Brasil alcançou uma marca histórica – ultrapassou-se o número de 60 mil homicídios ocorridos no ano. Assaltos, balas perdidas, sequestros, tráficos de drogas, roubo de carros, operações policiais, chacinas e rebeliões em presídios são apenas exemplos que mostram a gravidade dos problemas que têm se materializado nos subespaços das cidades brasileiras.

Esses locais passaram a apresentar áreas mais ou menos seguras, bairros com maiores ou menores índices de violência e de medo. No interior das cidades, a violência não se distribui homogeneamente. Assim, a construção do imaginário que coloca cidades inteiras, principalmente as metrópoles, como lócus da violência urbana tem se tornado superficial, conforme afirma Souza (2008). Segundo o autor, existe uma relação direta entre os níveis de vida da população, os locais que habitam e a chance de morrerem pelo fenômeno da violência urbana. Os moradores de lugares pobres e sem acesso a infraestruturas como escolas e hospitais são mais expostos à morte violenta do que os habitantes de áreas seguras e privilegiadas pelo Estado.

Souza (2008, p. 52) cita Wilson Cano (1997, p. 39), o qual afirma que "em suma, a violência introduz mais uma desigualdade social e territorial numa cidade que já possui muitas". No entanto, precisamos estar atentos a generalizações e simplificações geralmente construídas sobre a espacialização da violência no Brasil. Souza (2008) ressalta que as chamadas *áreas de risco*, locais mais violentos das cidades, não se limitam às áreas mais pobres, como constantemente é divulgado. A geografia do medo e da insegurança abrange as cidades como um todo, produzindo formas como os condomínios fechados, cercados por muros com guaritas, cercas elétricas e seguranças treinados, como já ressaltamos.

A violência tem alcançado índices alarmantes e tornou-se uma questão complexa e abrangente, que envolve todas as regiões e lugares do país. A juventude brasileira é a mais atingida pela violência: 56,5% dos óbitos dos brasileiros entre 15 e 19 anos foram mortes violentas – a maioria delas por armas de fogo. Com relação ao número de mortes ocorridas em 2016, a taxa de homicídios de negros chama atenção: foi duas vezes superior à dos considerados não negros – 71,5% das pessoas assassinadas são negras ou pardas. Esses dados, ao lado do papel das milícias, da violência policial, da degradação dos espaços públicos, da ineficiência das instituições, da morosidade judicial e do poder do tráfico de drogas, são exemplos de problemas que têm se tornado um desafio para os setores dos governos que planejam a segurança pública e tentam buscar soluções para a temática da violência urbana.

Outro problema que tem assolado as cidades está relacionado ao ambiente. O destino do lixo, a poluição dos corpos de água, o escasso sistema de saneamento básico e a poluição atmosférica são exemplos de situações presentes no cotidiano dos citadinos com fortes repercussões na saúde e na qualidade de vida da população.

5.4 Problemática ambiental das cidades brasileiras

No centro das discussões sobre as problemáticas referentes à produção e ao uso do espaço urbano nas cidades brasileiras, a questão ambiental tem assumido um caráter cada vez mais relevante e não se resume apenas à presença e ao uso da natureza. As discussões realizadas, muitas vezes, tanto em âmbito acadêmico quanto pela sociedade civil, têm considerado a natureza como bem comum, ocultando, de modo geral, que esse recurso tem sido apropriado de forma privada por agentes que atuam no uso do espaço urbano (Moyses, 1998). Em cidades litorâneas, onde a prática do turismo movimenta a economia, a privatização do espaço público frequentemente é uma realidade. No que diz respeito ao litoral do Rio Grande do Norte, estudos de autores como Silva (2010) e Costa (2008) relacionam a implementação de projetos voltados à atividade turística com a privatização de significativos trechos de praia por meio da instalação de hotéis, o que contraria a legislação brasileira. A norma define a praia como um bem de uso público.

No ambiente urbano, a produção de bens materiais que envolve uso dos recursos disponíveis na natureza é distribuída de forma desigual. De acordo com Moyses (1998), são sintomas materiais de um desenvolvimento social desigual. A natureza é apropriada pela sociedade, que, por meio dessa apropriação, ao transformar a natureza, transforma o espaço geográfico. A sociedade, portanto, ao se apropriar da natureza transformada pelo trabalho humano, gera formas espaciais, objetos e novas configurações espaciais.

No ambiente das cidades, principalmente das metrópoles, no percurso da formação socioespacial brasileira, foram incrementado ao solo objetos cada vez mais imbuídos de artificialidades, denominados por Santos (2008a, p. 62) de *próteses,* que formam verdadeiras configurações territoriais[i]. Ou seja, o meio geográfico recebeu, paulatinamente, parcelas cada vez maiores de objetos fixados ao solo. Esses acréscimos foram realizados, na maioria das cidades brasileiras, sem o planejamento devido, muitas vezes desconsiderando-se as características físicas, hidrológicas, geomorfológicas e climatológicas das cidades, o que acarretou problemas como enchentes, inundações (ver Figura 5.2), poluição do ar e das águas, ilhas de calor, doenças cardiorrespiratórias e infecciosas, poluição sonora e visual e destinação inadequada do lixo.

A canalização de rios, o desmatamento das vegetações de galeria (que protegem os mananciais e leitos dos rios), a impermeabilização de terrenos e o processo de verticalização sem estudos voltados ao conforto térmico são algumas das ações que estão

---

i. Segundo Santos (2008a, p. 62), a configuração territorial é composta do conjunto formado pelos sistemas naturais existentes em um dado país ou em uma dada área e pelos acréscimos que os homens depositaram nesses sistemas naturais. Um exemplo é a ocupação e o uso de nossos biomas, como a Floresta Amazônica.

relacionadas ao crescimento das cidades e trouxeram uma série de transtornos para os citadinos.

Figura 5.2 – Ponte sobre o Córrego da Cruz Negra, afluente do rio Tietê poluído por lixo e descarga irregular de esgoto doméstico, Jardim Robru, São Paulo (SP)

Mauricio Simonetti/Pulsar Imagens

Nas áreas mais abastadas da cidade, o denominado *meio ambiente natural* tem sido reincorporado e utilizado pelos agentes imobiliários e pelos proprietários fundiários como demonstrativo de qualidade de vida que pode ser vendida e adquirida, como o ar puro e o conforto de morar em meio ao verde, à tranquilidade e ao silêncio. Os custos para desfrutar desse meio ambiente agradável são incorporados pelo mercado imobiliário nos preços dos imóveis (Moyses, 1998).

Os problemas referentes ao ambiente urbano afetam a qualidade e o acesso ao consumo de recursos necessários à sobrevivência das populações. Questões como a contaminação da água, a poluição atmosférica e o destino inadequado do lixo são exemplos de assuntos que têm se tornado foco de discussões importantes sobre a temática ambiental urbana.

A água é um recurso fundamental à vida humana, porém, nos espaços urbanos, é cada vez mais comum encontrar rios, lagoas e praias com altos níveis de poluição e contaminação. Atualmente, a poluição de corpos de água e o destino inadequado dos resíduos sólidos (lixo) fazem parte dos problemas tanto das grandes cidades quanto das pequenas. As atividades humanas e o desenvolvimento urbano acelerado, que tem resultado na concentração de contingentes populacionais em espaços reduzidos, têm gerado uma série de problemas ao sistema hídrico urbano.

O descarte indevido de dejetos e rejeitos provenientes da agricultura, das indústrias e das atividades domésticas tem sido apontado como a principal fonte de poluição e tem trazido enormes dificuldades aos ecossistemas que se desenvolvem no meio urbano e às populações que fazem uso dos sistemas de abastecimento de água potável. A pecuária lança nos leitos e mananciais dos rios expressivas cargas orgânicas; as indústrias descartam também nos rios um conjunto de compostos sintéticos e elementos químicos com grande potencial tóxico; e as atividades agrícolas, ao utilizarem pesticidas e fertilizantes ricos em sais minerais nos solos, contaminam o sistema hídrico, pois o escoamento superficial da água das chuvas arrasta esses elementos para os afluentes e leitos principais de rios, lagos e lagoas.

O rápido processo de urbanização das cidades brasileiras ocasionou a aglomeração nos espaços urbanos de grande quantidade de pessoas. Com a ausência de políticas de planejamento urbano e saneamento básico, parcelas expressivas da população passaram a habitar locais sem infraestrutura adequada de esgotamento sanitário. Sem tratamento prévio, os esgotos domésticos de bairros e até mesmo de cidades inteiras têm sido lançados nos sistemas fluviais urbanos.

O descarte de efluentes sem tratamento adequado tem causado sérios problemas ao sistema hídrico urbano, como a eutrofização da água. Esse processo é reconhecido atualmente como um dos que mais têm afetado a qualidade dos rios, lagos e lagoas localizados em áreas urbanas. O fenômeno acontece a partir da descarga indiscriminada de nutrientes nos corpos de água, o que pode causar o crescimento descontrolado de algas microscópicas. Estas liberam toxinas, alteram a qualidade do líquido e colocam em risco o abastecimento público de água potável.

A eutrofização pode ser causada pelo descarte de elementos como esgotos domésticos e dejetos humanos, fertilizantes agrícolas e rejeitos industriais. Barreto et al. (2013, p. 2166), citando Smith e Schindler (2009, p. 2166), afirmam que "a eutrofização pode levar à alteração no sabor, no odor, na turbidez e na cor da água, à redução do oxigênio dissolvido, provocando crescimento excessivo de plantas aquáticas, mortandade de peixes e outras espécies aquáticas [...]". Confira, na Figura 5.3, a Lagoa Maringá, localizada no município de Manguinhos, no Espírito Santo, coberta pela planta gigoga, que se desenvolve em água poluída e se alimenta de nutrientes presentes nos esgotos.

Figura 5.3 – Lagoa Maringá, localizada no Espírito Santo, e a proliferação da vegetação gigoga

Segundo Carapeto (1999), os efluentes urbanos, isto é, a água que, depois de ter sido utilizada, não apresenta condições próprias para consumo, são compostos de detritos orgânicos e inorgânicos. Esses resíduos são lançados nos cursos de água, estuários e sistemas de água costeiros. Os detritos inorgânicos lançados na rede de coleta de águas residuais, e que na maioria dos casos deságuam nos cursos de água, são os metais; os detritos orgânicos, por sua vez, são provenientes de fontes diversas. Conforme Carapeto (1999, p. 52), esses efluentes urbanos podem ser:

> esgotos urbanos; resíduos agrícolas; resíduos da indústria de processamento e congelação de alimentos, fábricas de açúcar, etc.; efluentes de cervejarias e destilarias; efluentes de fábricas de papel (contêm uma elevada quantidade de fibras celulósicas da madeira); efluentes das indústrias químicas, incluindo uma variedade de moléculas grandes que são relativamente instáveis e que podem ser rapidamente decompostas; petróleo.

Outra fonte de poluição da água e do ambiente é o destino incorreto dado ao lixo. Ao ser descartado aleatoriamente nas ruas ou jogado diretamente nos cursos de água, o lixo produzido nos espaços urbanos se acumula em fundos de vale, margens de rios, leitos ou áreas alagadiças. Essa prática de descarte do lixo nos corpos de água que se tornou hábito em algumas sociedades urbanas pode acarretar, entre outras questões, contaminação da água, assoreamento de rios e lagoas, enchentes e proliferação de mosquitos transmissores de doenças. Além disso, as paisagens naturais são modificadas e destruídas, e o acúmulo do lixo na água acarreta mau cheiro e contaminação do meio e do entorno das populações que habitam áreas próximas.

Considerado um dos maiores responsáveis pela poluição ambiental, o lixo é também chamado de *resíduo sólido*. Pode ser considerado lixo qualquer tipo de resíduo proveniente das atividades humanas, e seu descarte inadequado se torna uma dificuldade à vida urbana. Nesse contexto, os resíduos constituem um problema que afeta sobremaneira a saúde e as condições de vida das pessoas que habitam o entorno dos locais de descarte.

O lixo se tornou um problema com o advento da Revolução Industrial, quando a fabricação de produtos passou a ser realizada em grande quantidade e, associada a mudanças nos padrões de consumo e nos padrões de alimentação, foi responsável pelo aumento da criação e da produção de grande quantidade de objetos descartáveis. A diminuta durabilidade de vários produtos e a necessidade de consumir ditadas pelo sistema capitalista de produção estão ligadas à produção cada vez mais numerosa de materiais que podem ou não se decompor na natureza.

O aumento da produção de resíduos sólidos na sociedade pode causar problemas para o sistema urbano, como o aumento dos custos para o tratamento do lixo, a reserva de lugares para sua disposição e o encarecimento do sistema de coleta. Quando os serviços de coleta urbana ocorrem de forma deficitária ou o lixo é descartado em terrenos baldios ou de modo aleatório, os transtornos causados à população das cidades são enormes. Enchentes são problemas graves que podem ser causados quando o lixo interrompe os encanamentos e canais dos sistemas de drenagens. Além disso, há riscos de contaminação do solo e da água e proliferação de vetores transmissores de doenças, como a leptospirose.

Segundo a Associação Brasileira de Empresas de Limpeza Pública e Resíduos Especiais (Abrelpe, 2019), 40,5% do lixo foi destinado a locais inadequados, como os lixões ou os aterros sanitários, em 2018. Esses locais não são eficientes do ponto de vista da saúde pública nem da proteção ao meio ambiente. Em 2010, foi sancionada a chamada *Lei do Lixo* (Brasil, 2010), que obriga a extinção dos lixões e aterros clandestinos. No entanto, o país ainda despeja cerca de 30 milhões de toneladas por ano de lixo em lixões ou aterros irregulares. Estados como Alagoas descartam mais 95% do lixo produzido a céu aberto. Nesses lugares, pessoas em situação de extrema miserabilidade costumam retirar do lixo restos de alimentos e objetos, estando em contato direto com vários tipos de materiais provenientes do descarte dos resíduos sólidos em áreas urbanas. A Figura 5.4 mostra a expressiva quantidade de pessoas colhendo o lixo descartado no aterro da cidade de Boa Vista, capital de Roraima.

Figura 5.4 – Catadores no aterro sanitário de Boa Vista

Marlene Bergamo/Folhapress

Os resíduos sólidos produzidos pelas populações dos espaços urbanos são:

» de natureza domiciliar – o lixo doméstico;
» provenientes de serviços de saúde – o lixo hospitalar;
» o lixo industrial;
» o lixo originário da construção civil e outros.

O lixo hospitalar, por exemplo, deve ser descartado de maneira correta, pois pode vir infectado por vírus e bactérias, tornando-se altamente contagioso. Portanto, seu descarte não pode ser feito em terrenos baldios com exposição a populações e animais, mas isso infelizmente ainda ocorre no Brasil. Conforme o IBGE, em 2008, uma em cada cinco cidades despejava material hospitalar sem nenhum tipo de tratamento nos aterros sanitários.

Nas últimas décadas, a urbanização e o aumento do consumo, atrelados à destruição das áreas verdes, têm contribuído para os níveis crescentes de poluição atmosférica e desconforto térmico nas cidades. A saúde da população fica comprometida e diagnósticos de asma, câncer de pulmão, tosses e várias outras enfermidades do sistema respiratório se tornam mais frequentes, uma vez que o contato com gases poluentes é fator de risco para essas enfermidades.

Um exemplo emblemático da poluição atmosférica é a cidade de Cubatão, no Estado de São Paulo. Durante a década de 1980, foi considerada a cidade mais poluída do mundo e ficou internacionalmente conhecida como Vale da Morte. Indústrias instaladas no local soltavam emissores poluentes diretamente no ar, causando uma série de danos aos habitantes. Já na conferência da Rio 92, a cidade foi considerada exemplo de recuperação ambiental e, com a imposição de legislações específicas, o número de emissões chegou a ser reduzido em torno de 90%. Veja, na Figura 5.5, uma foto antiga das indústrias de Cubatão, com as chaminés das fábricas expelindo muita fumaça.

Figura 5.5 - Fábricas de Cubatão entre as décadas de 1970 e 1980

Alfredo Rizeuti/Estadão Conteúdo

    A poluição do ar é causada pela presença de substâncias estranhas aos componentes naturais da atmosfera, como o gás carbônico. O aumento das indústrias no período pós-Revolução Industrial causou uma série de problemas em vários lugares do mundo, em razão do lançamento de vários gases como resultado de processos químicos envolvidos na obtenção de produtos industrializados. Com o desenvolvimento de filtros instalados nas chaminés das fábricas, surgiu a possibilidade de mitigar esses problemas. Atualmente, são os automóveis que atuam como grandes poluidores do ar que respiramos nos espaços urbanos. A fumaça que sai do escapamento dos carros contém diferentes substâncias, como o gás carbônico, o monóxido de carbono, o vapor-d'água e a fuligem, formada por pequenas partículas sólidas de carvão. Quanto mais escura é a fumaça que enxergamos no horizonte das cidades, mais materiais particulados há nela.

Os problemas ambientais urbanos têm se materializado tanto nas grandes metrópoles quanto nas cidades médias e locais. No entanto, as ações pensadas para minimizar os problemas costumam ser paliativas e de curto prazo, pois as políticas governamentais, de maneira geral, não são pensadas a longo prazo. Além disso, não consideram as demandas das pessoas em seus lugares, muito menos a totalidade dos usos existentes na cidade. A despeito dos vultosos investimentos realizados no âmbito dos Jogos Olímpicos no Brasil em 2014, por exemplo, é possível observar exemplos do mau emprego do dinheiro público. Na cidade do Rio de Janeiro, em abril de 2016, o desabamento de um trecho de vinte e seis metros da Ciclovia Tim Maia matou duas pessoas. A parte da ciclovia que desabou foi construída de modo suspenso na orla marítima e era sustentada por pilastras. O projeto envolveu investimentos da ordem de 44 milhões de reais e a obra havia sido inaugurada três meses antes do acidente. A maré alta é um fenômeno recorrente no local, mas o projeto da ciclovia não previu o impacto da ressaca do mar, que provoca ondas fortes, nas plataformas que desabaram.

As problemáticas urbanas são abrangentes e complexas. Questões cotidianas, como os processos de segregação e autossegregação materializados nas cidades brasileiras em várias formas espaciais, e a crise da violência e da segurança urbana são problemas urgentes que precisam ser discutidos e planejados pela sociedade de maneira democrática. Os problemas ambientais brasileiros também são elementos que precisam estar no centro das discussões sobre o futuro de nossas cidades. A legislação existente sobre o uso correto dos recursos não tem sido cumprida de forma efetiva e a população tem sofrido com o aumento de doenças contagiosas ou crônicas, água contaminada, estresse e doenças psicossomáticas, transtornos que estão relacionados à vida em espaços urbanos e têm trazido enormes dificuldades para a vida de seus habitantes.

Indicações culturais

OBSERVATÓRIO DAS METRÓPOLES. Disponível em: <http://observatoriodasmetropoles.net.br/wp/>. Acesso em: 28 jul. 2019.

O Observatório das Metrópoles é um grupo que funciona em rede, reunindo instituições e pesquisadores. A equipe foi estruturada há 20 anos e apresenta atualmente cerca de 100 pesquisadores e 60 instituições. As problemáticas dos espaços metropolitanos são pensadas no cerne do desenvolvimento nacional, levando-se em consideração as mudanças das relações entre a sociedade, a economia, o Estado e os territórios delineados pelas grandes aglomerações urbanas brasileiras.

ATLAS DO DESENVOLVIMENTO HUMANO NO BRASIL. Disponível em: <http://atlasbrasil.org.br>. Acesso em: 28 jul. 2019.

O Atlas do Desenvolvimento Humano no Brasil é uma plataforma que engloba informações de 5.565 municípios brasileiros, 27 estados do país, 21 regiões metropolitanas e 3 regiões integradas de desenvolvimento. É uma plataforma de consulta ao Índice de Desenvolvimento Humano Municipal. O Atlas também traz mais de 200 indicadores de demografia, educação, renda, trabalho, habitação e vulnerabilidade, com dados extraídos dos censos do IBGE de 1991, 2000 e 2010. A plataforma facilita o manuseio de dados e também gera cartogramas, gráficos e tabelas.

Síntese

Neste capítulo, abordamos o fenômeno da urbanização e suas repercussões no contexto das cidades brasileiras, demonstrando que as heranças da formação socioespacial do território influenciaram a constituição e a espacialização da população urbana do país. Variáveis como o rápido crescimento da população em centros urbanos e a seletividade espacial do processo de industrialização trouxeram implicações para a distribuição das pessoas pelos centros urbanos.

Algumas tendências atuais se fazem relevantes na discussão do fenômeno urbano no Brasil, como o processo de desmetropolização das grandes cidades, o crescimento populacional das pequenas cidades e a metropolização de cidades médias. Novos conteúdos do período técnico científico internacional têm gerado novas formas, funções e refuncionalizações dos espaços urbanos. A especialização dos lugares e a quebra do modelo clássico de hierarquia e rede urbana também são uma característica do contexto atual das cidades, como no caso dos municípios de baixa densidade demográfica que apresentaram o maior PIB *per capita* do Brasil em 2015.

Espaços voltados a atividades econômicas, como o agronegócio, têm incitado ou acelerado o processo de urbanização, com a expansão e a modernização da atividade e o aumento do consumo produtivo, o que tem ampliado a complexidade das relações entre o campo e a cidade.

Nos espaços intraurbanos, tem ocorrido um processo de segregação socioespacial, visível nas paisagens diferenciadas e contraditórias. Atualmente, o desenvolvimento de sistemas de segurança tem possibilitado a proximidade física entre ricos e pobres. A divisão de classes não se espacializa mais, predominantemente, entre as áreas centrais e a periferia. Ricos e pobres habitam lado a lado, porém separados por muros e aparatos de segurança.

A vida dos citadinos tem sido permeada por diversas dificuldades. A urbanização acelerada e a aglomeração de pessoas em espaços reduzidos fizeram crescer cidades sem planejamento ou com práticas ineficientes, o que resultou em problemas como alagamentos, enchentes, poluição do ar e dos corpos de água e, ainda, níveis de violência urbana alarmantes.

Atividades de autoavaliação

1. Analise as afirmativas a seguir.
   I. A década de 1970 foi um período que marcou o crescimento expressivo das grandes cidades brasileiras em todas as regiões. Assim, o país se urbanizou rapidamente, aglomerando-se em poucos centros.
   II. O fenômeno da involução metropolitana expressou a rapidez com que se urbanizou o território brasileiro.
   I. Há um fenômeno importante em curso nos espaços urbanos brasileiros: o processo de desmetropolização das grandes cidades e o processo de metropolização das cidades médias.

   Está correto o que se afirma em:
   a) I, apenas.
   b) II, apenas.
   c) III, apenas.
   d) I e III, apenas.
   e) II e III, apenas.

2. Assinale V para as afirmativas verdadeiras e F para as falsas.
   ( ) Goiás é um exemplo do processo de desconcentração industrial sofrido pelas indústrias paulistas. As indústrias migraram da região metropolitana de São Paulo e instalaram-se nos limites do estado, transformando os conteúdos dos espaços rural e urbano.
   ( ) Algumas cidades locais têm adquirido um papel importante para o capital, pois têm participado de circuitos nacionais e mesmo globais, não necessitando mais das grandes metrópoles regionais e dos polos da rede urbana para executar transações comerciais.
   ( ) Os dez municípios com maior PIB *per capita* do Brasil em 2015 apresentavam os maiores contingentes populacionais do país.
   ( ) Os municípios com até dez mil habitantes, entre os anos de 2000 e 2011, apresentaram as maiores taxas de crescimento populacional do Brasil.
   ( ) A Região Sudeste, de acordo com o IBGE (2013a), foi a região que mais perdeu população rural e continua sendo a região mais urbanizada do país.

   Agora, assinale a alternativa que corresponde à sequência obtida:
   a) V, V, V, F, V.
   b) F, V, F, F, V.
   c) F, V, F, V, V.
   d) F, F, F, F, V.
   e) V, V, V, V, F.

3. (Enade–2011) O município de São Paulo voltou a ser atingido pelas chuvas na tarde desta quinta-feira (24 de fevereiro de 2011), e o Centro de Gerenciamento de Emergência (CGE)

colocou em estado de atenção as zonas leste e norte e a região da Marginal Tietê das 14h53 até as 15h55. O mau tempo causou pontos de alagamentos pela cidade. Às 17h55, o centro registrava um ponto de alagamento intransitável na praça Ciro Pontes, próxima à rua Taquari. Segundo o CGE, o calor desta quinta gerou áreas de instabilidade que provocaram pancadas de chuva em bairros das regiões em atenção. No aeroporto de Cumbica, foi registrada uma rajada de vento de 90 km/h às 15h29, de acordo com o CPTEC/INPE.

Disponível em: <http://noticias.terra.com.br/brasil/noticias/>. Acesso em 24 ago. 2011 (com adaptações).

A partir da notícia acima, avalie as seguintes asserções.

As áreas urbanas, em especial as cidades de médio e grande porte, apresentam, com relativa frequência, problemas de alagamentos. Nas cidades localizadas na faixa tropical, esse problema é mais recorrente nos meses de primavera e verão, e nos finais de tarde e início da noite. Essas precipitações, nem sempre acima da média, causam transtornos à população, com prejuízos materiais e imateriais.

PORQUE

A impermeabilização do solo, a supressão de áreas verdes e a retificação dos canais dos rios resultam em diminuição da infiltração da água do solo e redução do tempo de permanência da água na bacia hidrográfica, o que acelera os processos de escoamento superficial.

A respeito dessas asserções, assinale a opção correta.

a) As duas asserções são proposições verdadeiras, e a segunda é uma justificativa correta da primeira.

b) As duas asserções são proposições verdadeiras, mas a segunda não é uma justificativa correta da primeira.
c) A primeira asserção é uma proposição verdadeira, e a segunda, uma proposição falsa.
d) A primeira asserção é uma proposição falsa, e a segunda, uma proposição verdadeira.
e) Tanto a primeira quanto a segunda asserções são proposições falsas.

4. (Enade-2017) Na cidade, a distância entre os desiguais não se opera mais, predominantemente, a partir da lógica de periferização dos mais pobres e destinação, aos mais ricos, das áreas centrais e pericentrais, as mais bem dotadas de meios de consumo coletivo (infraestruturas, equipamentos e serviços urbanos). Os sistemas de segurança urbana oferecem condições para que a separação possa se aprofundar, ainda que justaponham, no "centro" e na "periferia", segmentos sociais com níveis desiguais de poder aquisitivo e com diferentes interesses de poder e de consumo.

SPOSITO, M. E. B. A produção do espaço urbano: escalas, diferenças e desigualdades socioespaciais. In: CARLOS, A. F. A. **A produção do espaço urbano**: agentes, processos, escalas e desafios: São Paulo: Contexto, 2011 (adaptado).

Considerando as novas e velhas dinâmicas da segregação espacial nas cidades brasileiras na contemporaneidade, avalie as afirmações a seguir:

I. A segregação espacial é consequência da existência dos sistemas de segurança, que promovem a segregação dos ricos em relação aos mais pobres.

II. A segregação espacial tem relação com as diferenças de classes sociais, que resultam na fragmentação do espaço em áreas com melhores condições de infraestrutura e outras com escassez de serviços urbanos.

III. O uso dos sistemas de segurança vem permitindo que a segregação espacial possa aprofundar-se, opondo diferentes segmentos e classes sociais, tanto no centro quanto em outras áreas da cidade.

É correto o que se afirma em:

a) I, apenas.
b) II, apenas.
c) I e III, apenas.
d) II e III, apenas.
e) I, II e III.

5. Leia o trecho a seguir.

> Segundo Cristovão Duarte, coordenador do Mestrado Profissional em Arquitetura Paisagística da Faculdade de Arquitetura e Urbanismo da UFRJ (Universidade Federal do Rio de Janeiro), a questão dos rios é apenas um dos inúmeros problemas da sustentabilidade nas cidades. "O rio urbano é um aspecto de um problema maior que é a sustentabilidade da cidade, a sobrevivência das sociedades humanas", afirma. (Mauro, 2019)

Sobre as problemáticas ambientais urbanas, assinale a alternativa correta:

a) Os efluentes urbanos, quando tratados, podem ser reaproveitados para consumo humano.
b) Os resíduos sólidos são problemas ambientais não solucionáveis no âmbito do sistema capitalista, porque são resultantes da urbanização da sociedade.

c) A poluição do ar atualmente é causada principalmente pelas chaminés das plantas industriais, que estão localizadas nos espaços urbanos.

d) Os detritos inorgânicos, como os que foram liberados pelas barragens de Mariana e Brumadinho, são tratáveis, por isso não representam riscos à saúde da população que tiver contato direto com a água.

e) O crescimento urbano desordenado, a falta de planejamento, a ausência de elaboração de políticas públicas voltadas ao uso do ambiente urbano e a especulação imobiliária sobre áreas dos ecossistemas urbanos são alguns dos fatores que explicam a existência de problemas ambientais nas cidades.

Atividades de aprendizagem

Questões para reflexão

1. Leia o trecho a seguir.

> Paralelamente a uma evolução altamente positiva em relação à mortalidade infantil, à esperança de vida ao nascer, à diminuição do crescimento demográfico e ao aumento da escolaridade, o processo de urbanização no Brasil apresenta, como se viu, a reprodução de novos e antigos males, nos indicadores de violência, pobreza, predação urbana e ambiental, poluição do ar e da água etc. (Maricato, 2000, p. 31)

Com base no texto acima e nas discussões explicitadas neste capítulo, explique a constituição do processo de segregação social nos espaços intraurbanos e comente a presença de um problema que considere mais latente no espaço urbano do município onde você vive.

2. A violência é um dos principais problemas existentes na escala do espaço intraurbano brasileiro. Explique por que esse fenômeno tem se instalado com expressividade nos espaços urbanos e indique suas possíveis relações com as disparidades sociais existentes.

Atividade aplicada: prática

1. Você vai realizar um trabalho de campo.
   O trabalho de campo consiste em atividades guiadas e planejadas, que ocorrem fora da sala de aula, podendo envolver visitas técnicas a órgãos públicos e privados, observação de determinado lugar ou paisagem e até mesmo entrevistas com pessoas para obtenção de dados e informações. É um recurso metodológico fundamental para os estudos geográficos. A realização da atividade auxilia na compreensão de conceitos e questões teóricas discutidos em sala de aula e nos textos lidos, mas não é somente isso. O ato de ir a campo significa transpor o ambiente de aprendizagem tradicional e pesquisar, observar, levantar dados e informações, adquirir percepções acerca de determinado fato ou assunto da forma mais próxima possível do real. A realização do trabalho de campo é um processo no qual as ideias e a realidade são confrontadas, gerando a problematização, a crítica e a reconstrução do processo de conhecimento.
   Para que o trabalho de campo se torne satisfatório como recurso didático de aprendizagem, é preciso planejá-lo. Assim, a atividade não deve ser entendida como um mero momento

de lazer, passeio ou distração. É necessário que seja entendida como um processo de articulação entre o sujeito e o espaço vivido. Nesse sentido, o trabalho de campo pode permitir a construção de um conjunto de conhecimentos advindos do cotidiano. É também no campo que encontramos a possibilidade de questionar informações e conceitos vistos e não entendidos até o momento.

Vamos à atividade!

a) É necessário definir uma problemática sobre a qual se deseja obter informações. Nesta atividade, você vai direcionar seu trabalho de campo à pesquisa sobre as características do processo de segregação socioespacial na cidade onde vive.
b) Busque informações prévias sobre o processo em sua cidade e, em seguida, visite alguns locais onde você acha que o fenômeno se desenvolve com mais expressividade.
c) Faça anotações, converse com pessoas, registre a paisagem por meio de fotografias e vídeos. Se houver possibilidade, visite órgãos públicos, como prefeitura e secretarias. Busque informações sobre o planejamento urbano da cidade e o plano diretor.
d) A segunda etapa do trabalho consiste em tratar as informações colhidas em campo e relacioná-las aos conceitos teóricos discutidos. Em seguida, elabore um relatório final.

Atenção! O trabalho de campo implica percorrer e desvendar os lugares. Para que ocorra de modo satisfatório, deve ser planejado previamente e realizado levando-se em conta a própria segurança e possíveis problemas a serem encontrados nos lugares percorridos.

Considerações finais

A formação socioespacial brasileira é resultado de um longo processo de dinâmicas e transformações, cujos efeitos se fazem evidentes na configuração territorial do país. Os processos acelerados de industrialização e urbanização ocorridos no século XX produziram novas formas e conteúdos nos espaços urbanos e rurais. A expansão do meio técnico-científico-informacional, iniciada nos anos 1970, acentua-se na contemporaneidade, promovendo a modernização dos processos produtivos, bem como diferenciações e desigualdades socioespaciais.

O território brasileiro, a partir do momento em que passou a ser usado como colônia de exploração, teve suas lógicas espaciais ditadas pela metrópole, situada em espaços longínquos europeus. Com o processo de globalização acentuado no período de 1970, as redes geográficas permitiram a inserção do país no cenário internacional, e o processo de reestruturação produtiva causou impactos principalmente nos espaços urbanos, que tiveram suas infraestruturas modernizadas e suas redes de relações refuncionalizadas. O processo de urbanização foi se aprofundando e direcionando para os centros mais dinâmicos do país, sobretudo os das regiões Sudeste e Sul, as principais atividades que demandam o comando e a gestão do território, das empresas e do processo produtivo. As demais regiões apresentam subespaços de modernização em meio a áreas de estagnação econômica.

Os conteúdos e dinâmicas regionais contidos na formação socioespacial brasileira da contemporaneidade foram influenciados pelas tendências recentes do processo de urbanização. Assim, as desigualdades socioespaciais, estruturadas historicamente no território, ganharam novos ímpetos e contextos. A regionalização, como ferramenta utilizada para estudar e explicar as diferenças territoriais, torna evidente a presença de espaços opacos e luminosos, as zonas de densidade e rarefação, a concentração de riqueza e de pobreza em áreas distintas do território brasileiro.

O Brasil, que se urbanizou rapidamente e apresentou um processo de industrialização concentrado seletivamente, aglomerou grande parcela da população brasileira em poucos núcleos, que durante décadas continuaram recebendo enormes contingentes populacionais. Espaços construídos sem planejamento e políticas públicas que conseguissem alcançar a totalidade dos habitantes das cidades, entre outros fatores, originaram uma série de problemas enfrentados cotidianamente pelos citadinos, o que tem tornado a vida nas cidades, principalmente para os pobres, um enorme desafio. No entanto, estamos assistindo atualmente a um processo de expansão populacional, econômica e cultural de núcleos urbanos de porte médio. As cidades locais também têm apresentado novas dinâmicas e provocado, em alguns casos, novos nexos na hierarquia e na rede urbana. O campo sofre um processo de urbanização, e as relações entre o campo e a cidade estão ficando mais complexas.

Nesta obra, adotamos como princípio metodológico a formação socioespacial, com o intuito de construir uma abordagem analítica que primasse pela compreensão das transformações do urbano em sua complexidade, pois nenhum subespaço do território brasileiro guarda em si as explicações para os processos que nele ocorrem.

Referências

ABRELPE – Associação Brasileira de Empresas de Limpeza Pública e Resíduos Especiais. **Panorama dos resíduos sólidos no Brasil**: 2018/2019. Abrelpe, 2019.

A MIGRAÇÃO é uma questão cada vez mais decisiva para a Globalização 4.0 de Davos. **Terra**, 14 jan. 2019. Disponível em: <https://www.terra.com.br/noticias/dino/a-migracao-e-uma-questao-cada-vez-mais-decisiva-para-a-globalizacao-40-de-davos,9ca387d2fe16bd8db5aa8f18e26a15cf8nqn6luz.html>. Acesso em: 27 jul. 2019.

ANATEL. **Acessos**. 2016. Disponível em: <https://cloud.anatel.gov.br/index.php/s/TpaFAwSw7RPfBa8?path=%2FMovel_Pessoal%2FPor_UF>. Acesso em: 29 set. 2019.

ANSELMO, R. de. C. M. de. S. A formação do professor de Geografia e o contexto da formação nacional brasileira. In: OLIVEIRA, A. U. de; PONTUSCHKA, N. N. **Geografia em perspectiva**. São Paulo: Contexto, 2013. p. 247-253.

ARAÚJO, T. B. A experiência de planejamento regional no Brasil. In: LAVINAS, L. et al. (Org.). **Reestruturação do espaço urbano e regional no Brasil**. São Paulo: Hucitec, 1993. p. 87-96.

ATLAS DO DESENVOLVIMENTO HUMANO NO BRASIL. Disponível em: <http://www.atlasbrasil.org.br/2013/>. Acesso em: 29 jul. 2019.

AZEVEDO, A. de. Vilas e cidades do Brasil colonial: ensaio de geografia urbana retrospectiva. **Terra Livre**, AGB – Associação dos Geógrafos Brasileiros, n. 10, p. 23-78, jan./jul. 1992. Disponível em: <file:///C:/Users/72000098/Downloads/14-11-PB.pdf>. Acesso em: 19 dez. 2019.

BARBON, J. Jovem tem 17 vezes mais chances de morrer

no Brás que na Vila Matilde. **Folha de S.Paulo**, 24 out. 2010. Disponível em: <https://www1.folha.uol.com.br/cotidiano/2017/10/1929620-morador-dos-jardins-vive-24-anos-a-mais-que-o-do-jardim-angela.shtml>. Acesso em: 19 dez. 2019.

BARBOSA, J. R. de A. O uso desigual da internet no território brasileiro. In: CONGRESSO DE GEOGRAFIA PORTUGUESA: AS DIMENSÕES DA RESPONSABILIDADE SOCIAL DA GEOGRAFIA, 11., 2017, Porto.

_____. **Planejamento territorial e modernizações seletivas**. A expansão do meio técnico-científico-informacional no Rio Grande do Norte, Brasil. 341 f. Tese (Doutorado em Geografia Humana). Universidade de São Paulo, São Paulo, 2015.

BARRETO, L. V. et al. Eutrofização em rios brasileiros. **Enciclopédia Biosfera**, Centro Científico Conhecer, Goiânia, v. 9, n. 16, p. 2165-2179, 2013.

BASTIDE, R. **Brasil**: terra de contrastes. Rio de Janeiro: Difel, 1959.

BATISTELLA, C. Análise da situação de saúde: principais problemas de saúde da população brasileira. In: FONSECA, A. F. (Org). **O território e o processo saúde-doença**. Rio de Janeiro: EPSJV/Fiocruz, 2007. p. 121-158.

BEAUD, M et al. **Mondialisation**. Les mots et les choses. Paris: Karthala, 1999.

BECKER, B.; EGLER, C. **Brasil, uma nova potência regional na economia-mundo**. São Paulo: Bertrand Brasil, 1993.

BENKO, G. **Economia, espaço e globalização na aurora do século XXI**. São Paulo: Hucitec, 2002a.

BENKO, G. Mundialização da economia, metropolização do mundo. **Revista do Departamento de Geografia da USP**, São Paulo, n. 15, p. 45-54, 2002b.

BRABANT, J-M. Crise da geografia, crise da escola. In: OLIVEIRA, A. U. de et al. **Para onde vai o ensino de geografia?** São Paulo: Contexto, 2014. p. 15-23.

BRADFORD, M. G.; KENT, W. **Geografia humana**: teoria e

suas aplicações. Lisboa: Gradativa, 1977.

BRASIL. Banco Central. **Bancos estaduais privatizados**. Disponível em: <https://www.bcb.gov.br/lid/gerop/instituicoes Privatizadas.pdf>. Acesso em: 29 jun. 2019.

BRASIL. Constituição (1988). **Diário Oficial da União**, Brasília, DF, 5 out. 1988.

BRASIL. Lei n. 10.257, de 10 de julho de 2001. **Diário Oficial da União**, Poder Legislativo, Brasília, DF, 11 jul. 2001.

BRASIL. Lei n. 12.305, de 2 de agosto de 2010. **Diário Oficial da União**, Poder Legislativo, Brasília, DF, 3 ago. 2010.

BRASIL. Lei n. 13.445, de 24 de maio de 2017. **Diário Oficial da União**, Poder Legislativo, Brasília, DF, 25 maio 2017.

BRASIL. Lei Complementar Federal n. 14, de 9 de junho de 1973. **Diário Oficial da União**, Poder Legislativo, Brasília, DF, 11 jun. 1973.

BROWN, Gordon. A globalização na encruzilhada. **Exame**, 17 jan. 2019. Disponível em: <https://exame.abril.com.br/revista-exame/a-globalizacao-na-encruzilhada/>. Acesso em: 5 fev. 2019.

BRUNET, R. **Laménagement du territoire**. Paris: La Documentation Française. 1997.

CABRAL, D. de C. Von Thünen e o abastecimento madeireiro de centros urbanos pré-industriais. **Revista Brasileira de Estudos da População**, São Paulo, v. 28, n. 2, p. 405-427, jul./dez. 2011. Disponível em: <http://www.scielo.br/scielo.php?script=sci_arttext&pid=S0102-30982011000200010&lng=en&nrm=iso>. Access em: 29 jun. 2019.

CALDEIRA, T. P. do R. **Cidade de muros**: crime, segregação e cidadania em São Paulo. São Paulo: Ed. 34/Edusp, 2000.

CAPEL, H. **Filosofía y ciencia en la geografía contemporánea**: una introducción a la Geografia. 2. ed. Barcelona: Barcanova, 1981. (Temas Universitários).

CARAPETO, C. **Poluição das águas**: causas e efeitos. Lisboa: Universidade Aberta, 1999.

CASTELLS, M. **A sociedade em rede**. São Paulo: Paz e Terra, 1999.

CASTILLO, R. Transporte e logística de granéis sólidos agrícolas: componentes estruturais do novo sistema de movimentos do território brasileiro. **Investigaciones Geográficas – Boletín del Instituto de Geografia**, n. 55, p. 79-96, 2004.

CASTRO, I. E. de. **Geografia e política**: território, escalas de ação e instituições. Rio de Janeiro: Bertrand do Brasil, 2005.

CASTRO, I. E.; GOMES, P. C. C.; CORRÊA, R. L. **Geografia**: conceitos e temas. Rio de Janeiro: Bertrand Brasil, 1995.

CATAIA, M. **Território nacional e fronteiras internas**: fragmentação do território brasileiro. 164 f. Tese (Doutorado em Geografia) – Universidade de São Paulo, São Paulo, 2001.

CHESNAIS, F. **A mundialização do capital**. São Paulo: Xamã, 1996.

CINTRA, J. P. As capitanias hereditárias no mapa de Luís Teixeira. **Anais do Museu Paulista**. São Paulo, v. 23, n. 2, p. 11-42, dez. 2015.

CLAVAL, P. **A epistemologia da geografia**. Florianópolis: Edusc, 2011.

CLAVAL, P. A geografia cultural no Brasil. In: BARTHE-DELOIZY, F.; SERPA, A. (Org.). **Visões do Brasil**: estudos culturais em Geografia. Salvador: EDUFBA/L'Harmattan, 2012. p. 11-25.

CNBB – Conferência Nacional dos Bispos do Brasil. **Solo urbano e ação pastoral**. Itaici, 1982. Disponível em: <http://www.arquidioceserp.org.br/admin/admin/uploads/arquivos/550.pdf>. Acesso em: 2 set. 2019.

COHN, A. **Crise regional e planejamento**: o processo de criação da Sudene. São Paulo: Perspectiva, 1978.

CONTEL, F. B. **Território e finanças**: técnicas, normas e topologias bancárias no Brasil. 343 f. Tese (Doutorado em Geografia

Humana) – Universidade de São Paulo, São Paulo, 2006.

CORRÊA, R. L. **A rede urbana**. São Paulo: Ática, 1989a.

CORRÊA, R. L. As pequenas cidades na confluência do urbano e do rural. **GEOUSP – Espaço e Tempo**, São Paulo, n. 30, p. 5-12, 2011.

CORRÊA, R. L. **Estudos sobre a rede urbana**. Rio de Janeiro: Bertrand Brasil, 2006.

CORRÊA, R. L. Interações espaciais. In: CASTRO, I. E. de; GOMES, P. C. da C.; CORRÊA, R. L. **Explorações geográficas**. Rio de Janeiro: Bertrand Brasil, 1997. p. 279-318.

CORRÊA, R. L. **O espaço urbano**. São Paulo: Ática, 1989b.

CORRÊA, R. L. **O espaço urbano**. São Paulo: Ática, 1995.

CORRÊA, R. L. **Região e organização espacial**. São Paulo: Ática, 1986.

COSTA, J. H. Políticas públicas, turismo e emprego no litoral potiguar. **Caderno Virtual de Turismo**, n. 8, n. 2, p. 115-129, 2008.

COSTA, W. B.; MOREIRA M. N.; NERY, M. G. e S. Repensando a regionalização brasileira a partir da teoria do meio técnico-científico-informacional. **Espaço em Revista**, v. 14, n. 2, jul./dez. 2012.

DANTAS, A.; LIMA, T. H. **Introdução à ciência geográfica**. Natal: EDUFRN, 2008.

DEFFONTAINES, P. Como se constituiu no Brasil a rede das cidades. **Boletim Geográfico**, v. 2, n. 14-15, p. 141-148, maio-jun., 1944.

DIAS, L. C. **Redes, sociedades e territórios**. Santa Cruz do Sul: Edunisc, 2005.

DICKEN, P. **Mudança global**. São Paulo: Bookman, 2010.

DIEESE – Departamento Intersindical de Estatística e Estudos Socioeconômicos. **A inserção produtiva dos negros nos mercados de trabalho metropolitanos**. nov. 2016. Disponível em: <https://www.dieese.org.br/analiseped/2016/

2016pednegrossintmet.pdf>. Acesso em: 24 set. 2019.

DINIZ, C. C. **Economia regional e urbana**: contribuições teóricas recentes. Belo Horizonte: Cedeplar – UFMG, 2009.

DINIZ, C. C.; GONÇALVES, E. Economia do conhecimento e desenvolvimento regional no Brasil. In: DINIZ, C. C.; LEMOS, M. B. **Economia e território**. Belo Horizonte: Ed. da UFMG, 2005. p. 131-170.

ELIAS, D. Globalização e fragmentação do espaço agrícola do Brasil. **Scripta Nova: Revista Electrónica de Geografía y Ciencias Sociales**, Barcelona, v. 10, n. 218, 1º ago. 2006. Disponível em: <http://www.ub.es/geocrit/sn/sn-218-03.htm>. Acesso em: 11 jul. 2019.

ENGELS, F. As grandes cidades. In: ____. **A situação da classe trabalhadora na Inglaterra**. São Paulo: Global, 1988. p. 35-92.

FAO – Organización de las Naciones Unidas para la Agicultura y la Alimentación et al. **El estado de la seguridade alimentaria y la nutrición em el mundo**: fomentando la resiliência climática em aras de la seguridad alimentaria y la nutrición. Roma: FAO, 2018.

FAUSTO, B. **História concisa do Brasil**. São Paulo: Edusp, 2012.

FREMONT, A. **La région, espace vécu**. Paris: PUF, 1978.

FURTADO, C. **Desenvolvimento e subdesenvolvimento**. Rio de Janeiro: Centro Celso Furtado/Contraponto, 2009.

FURTADO, C. **Formação econômica do Brasil**. São Paulo: Nacional, 1959.

FURTADO, C. **O longo amanhecer**. Rio de Janeiro: Paz e Terra, 1999.

GALVÃO, A. C. F.; BRANDÃO, C. A. Fundamentos, motivações e limitações da proposta governamental dos "Eixos Nacionais de Integração e Desenvolvimento". In: GONÇALVES, M. F.; BRANDÃO, C. A.; GALVÃO, A. C. (Org). **Regiões e cidades, cidades nas regiões**: o desafio urbano-regional. São Paulo: Ed. da Unesp, 2003.

GEIGER, P. P. Organização regional do Brasil. **Revista Geográfica**, n. 61, p. 51, jul./dez. 1964.

GEORGE, P. **A geografia ativa**. Rio de Janeiro: Difel, 1968.

GIRARDI, E. P. **Atlas da Questão Agrária Brasileira**. Disponível em: <http://www2.fct.unesp.br/nera/atlas/estrutura_fundiaria.htm>. Acesso em: 30 ago. 2019.

GOMES, P. C. da C. O conceito de região e sua discussão. In: CASTRO, I. E.; GOMES, P. C.; CORRÊA, R. L. **Geografia**: conceitos e temas. Rio de Janeiro, Bertrand Brasil, 2000. p. 49-76.

GOMES, P. C. da C. Geografia fin-de-siècle: o discurso sobre a ordem espacial do mundo e o fim das ilusões. In: CASTRO, I. E. de; CORRÊA, R. L.; GOMES, P. C. da C. **Explorações geográficas**: percursos no fim do século. Rio de Janeiro: Bertrand Brasil, 1997. p. 13-42.

GOTTDIENER, M. **A produção social do espaço urbano**. São Paulo: Edusp, 2010.

GOTTDIENER, M. A teoria da crise e a reestruturação sócio-espacial: o caso dos Estados Unidos. In: VALLADARES, L.; PRETECEILLE, E. (Org.). **Reestruturação urbana**: tendências e desafios. São Paulo: Nobel; Rio de Janeiro: Iuperj, 1990. p. 59-78.

GUIMARÃES, A. P. Subsídios para a formação de uma estratégia agrária. **Boletim de Reforma Agrária,** ano VII, v. 6, p. 3-10, 1977.

HAESBAERT, R. Região, diversidade territorial e globalização. **Geographia**, Niterói, v. 1, n. 1, p. 15-39, 1999.

HAESBAERT, R.; NUNES PEREIRA S.; RIBEIRO G. (Dir.). **Vidal, Vidais**: textos de geografia humana, regional e política. Rio de Janeiro, Bertrand Brasil, 2012.

HARVEY, D. **A justiça social e a cidade**. São Paulo: Hucitec, 1980.

HARVEY, D. **Condição pós-moderna**: uma pesquisa sobre as origens da mudança cultural. São Paulo: Loyola, 1992.

HARVEY, D. **Condição pós-moderna**: uma pesquisa sobre as origens da mudança cultural. 6. ed. São Paulo: Loyola, 1996.

HARVEY, D. **Espaços de esperança**. Tradução de Adail Ubirajara Sobral e Maria Stela Gonçalves. São Paulo: Loyola, 2004.

HARVEY, D. **Social Justice and the City**. Londres: Edward Arnold; Baltimore: John Hopkins University Press, 1973.

HELOANI, J. R.; CAPITÃO, C. G. Saúde mental e psicologia do trabalho. **São Paulo em Perspectiva**, São Paulo, v. 17, n. 2, p. 102-108, 2003.

HESPANHOL, R. Campo e cidade, rural e urbano no Brasil contemporâneo. **Mercator**, Fortaleza, v. 12, n. 2, p. 103-112, out. 2013.

HOBSBAWM, E. **A era dos extremos**. São Paulo: Companhia das Letras, 1995.

HUERTAS, D. M. O papel dos transportes na expansão recente da fronteira agrícola brasileira. **Revista Transporte y Territorio**, Buenos Aires, n. 3, p. 145-171, 2010.

IANNI, O. As ciências sociais na época da globalização. **Revista Brasileira de Ciências Sociais**, São Paulo, v. 13, n. 37, p. 33-41, jun. 1998.

IBGE – Instituto Brasileiro de Geografia e Estatística. **Atlas do Censo Demográfico 2010**. Rio de Janeiro, 2013a.

IBGE – Instituto Brasileiro de Geografia e Estatística. **Atlas geográfico escolar**. 6. ed. Rio de Janeiro, 2012.

IBGE – Instituto Brasileiro de Geografia e Estatística. **IBGE mapeia a distribuição da população preta e parda**. 6 nov. 2013b. Disponível em: <https://censo2010.ibge.gov.br/noticias-censo.html?busca=1&id=1&idnoticia=2507&t=ibge-mapeia-distribuicao-populacao-preta-parda&view=noticia>. Acesso em: 29 set. 2019.

IBGE – Instituto Brasileiro de Geografia e Estatística. **Memória**. Disponível em:

<https://memoria.ibge.gov.br/>. Acesso em: 28 jul. 2019a.

IBGE – Instituto Brasileiro de Geografia e Estatística. Conselho Nacional de Geografia. Divisão de Geografia. **Panorama regional do Brasil**. Rio de Janeiro, 1967.

IBGE – Instituto Brasileiro de Geografia e Estatística. Departamento de Geografia. **Divisão do Brasil em microrregiões homogêneas 1968**. Rio de Janeiro, 1970.

IBGE – Instituto Brasileiro de Geografia e Estatística. Departamento de Geografia. **Divisão do Brasil em regiões funcionais urbanas**. Rio de Janeiro, 1972.

IBGE – Instituto Brasileiro de Geografia e Estatística. **Logística de energia**: 2015. Rio de Janeiro, 2016. (Redes e fluxos do território). Disponível em: <https://biblioteca.ibge.gov.br/visualizacao/livros/liv97260.pdf>. Acesso em: 19 dez. 2019.

IBGE – Instituto Brasileiro de Geografia e Estatística. **Produto Interno Bruto dos municípios**: 2010-2015. Rio de Janeiro: IBGE, 2017a.

IBGE – Instituto Brasileiro de Geografia e Estatística. **Redes e fluxos do território**: ligações aéreas – 2010. Rio de Janeiro, 2013c. Disponível em: <https://biblioteca.ibge.gov.br/visualizacao/livros/liv64110.pdf>. Acesso em 26 set. 2019.

IBGE – Instituto Brasileiro de Geografia e Estatística. **Redes e fluxos do território**: gestão do território – 2014. Rio de Janeiro, 2014.

IBGE – Instituto Brasileiro de Geografia e Estatística. **Regiões de influência das Cidades**: 2007. Rio de Janeiro, 2008. Disponível em: <https://www.mma.gov.br/estruturas/PZEE/_arquivos/regic_28.pdf>. Acesso em: 30 ago. 2019.

IBGE – Instituto Brasileiro de Geografia e Estatística. Séries históricas e estatísticas. **Taxa de urbanização**. Disponível em:

<https://seriesestatisticas.ibge.gov.br/series.aspx?vcodigo=POP122>. Acesso em: 19 dez. 2019b.

IBGE – Instituto Brasileiro de Geografia e Estatística. **Síntese de indicadores sociais**: uma análise das condições de vida da população brasileira: 2017. Rio de Janeiro, 2017b. (Estudos e Pesquisas. Informação Demográfica e Socioeconômica, n. 37). Disponível em: <https://biblioteca.ibge.gov.br/index.php/bibliotecacatalogo?view=detalhes&id=2101459>. Acesso em: 11 jul. 2019.

INDE – Infraestrutura Nacional de Dados Espaciais. Disponível em: <https://inde.gov.br/>. Acesso em: 19 dez. 2019.

ISNARD, H. O espaço do geógrafo. In: **IBGE** – Instituto Brasileiro de Geografia e Estatística. Boletim geográfico. IBGE, ano 36, n. 258/259, p. 5-16, jul./dez., 1978.

KEITH, M.; SANTOS, A. A. de; ARESE, N. S. O que podemos dizer sobre o futuro das cidades no Brasil e no mundo? **BBC News Brasil**, 27 set. 2016. Disponível em: <https://www.bbc.com/portuguese/brasil-37466807>. Acesso em: 29 jul. 2019.

LACOSTE, Y. **A geografia**: isso serve, em primeiro lugar, para fazer a guerra. Campinas: Papirus, 1985.

LEFEBVRE, H. **Espacio y política**. Barcelona: Península, 1976.

LEFEBVRE, H. **O direito à cidade**. São Paulo: Centauro, 2006.

LENCIONI, S. Reestruturação urbano-industrial no Estado de São Paulo. **Revista Espaço & Debates**, São Paulo, n. 38, p. 54-61, 1994.

LENCIONI, S. **Região e geografia**. São Paulo: Edusp, 1999.

LOCATEL, C. D. Da dicotomia rural-urbano à urbanização do território no Brasil. **Mercator**, Fortaleza, v. 12, n. 2, p. 85-102, set. 2013.

MAMIGONIAN, A. **Estudos de geografia econômica e de pensamento geográfico**. 264 f. Tese (Doutorado em Livre Docência em Geografia) – Universidade de São Paulo, São Paulo, 2004.

MARICATO, E. Reforma urbana: limites e possibilidades, uma trajetória incompleta. In: RIBEIRO, L. C. de Q.; SANTOS JÚNIOR, O. A dos (Org.). **Globalização, fragmentação e reforma urbana**: o futuro das cidades brasileiras na crise. Rio de Janeiro: Civilização Brasileira, 1994. p. 309-323.

MARICATO, E. Urbanismo na periferia do mundo globalizado: metrópoles brasileiras. **São Paulo em Perspectiva**, São Paulo, v. 14, n. 4, p. 21-33, out./dez. 2000.

MARX, K. **Grundrisse**. São Paulo: Boitempo, 2011.

MARX, K.; ENGELS, F. **A ideologia alemã**: Feuebach – a contraposição entre as cosmovisões materialista e idealista. Tradução de Frank Müller. São Paulo: M. Claret, 2006.

MASSEY, D. Globalização: o que significa para a geografia? **Boletim Campineiro de Geografia**, v. 7, n. 1, p. 227-235, 2017.

MAURO, M. Maioria dos rios urbanos tem qualidade ruim ou muito ruim. **Destak**, Rio de Janeiro, 31 jan. 2019. Disponível em: <https://www.destakjornal.com.br/cidades/rio-de-janeiro/detalhe/rios-urbanos-capital-mundial-de-arquitetura-tem-grande-desafio-ambiental>. Acesso em: 28 jul. 2019.

MÉSZÁROS, I. **Produção destrutiva e Estado capitalista**. São Paulo: Ensaio, 1989. (Série Pequeno Formato, v. 5).

MIRANDA, E. E. de; MAGALHÃES, L. A.; CARVALHO, C. A. **Proposta de delimitação territorial do Matopiba**. Nota técnica 1. Campinas: Embrapa, 2014. Disponível em: <https://www.embrapa.br/gite/publicacoes/NT1_DelimitacaoMatopiba.pdf>. Acesso em: 19 dez. 2019.

MONTE-MÓR, R. L. As teorias urbanas e o planejamento urbano no Brasil. In: DINIZ, C. C.; CROCCO, M. **Economia regional e urbana**: contribuições teóricas recentes. Belo Horizonte: Ed. da UFMG, 2006. p. 61-85.

MONTENEGRO, M. R. Dinamismos atuais do circuito inferior da economia urbana na cidade de São Paulo: expansão e renovação. **GEOUSP – Espaço e Tempo**, São Paulo, n. 34, 2013.

MOREIRA, V. de S.; SILVEIRA, S. de F. R.; EUCLYDES, F. M. "Minha casa, minha vida" em números: quais conclusões podemos extrair? In: ENCONTRO BRASILEIRO DE ADMINISTRAÇÃO PÚBLICA, 4., 2017, João Pessoa. Disponível em: <http://www.ufpb.br/ebap/contents/documentos/0594-613-minha-casa.pdf>. Acesso em: 24 set. 2019.

MOYSES, A. **Produção e consumo no e do espaço**: a problemática ambiental urbana. São Paulo: Hucitec, 1998.

NOVACK, G. **O desenvolvimento desigual e combinado na história**. São Paulo: Instituto José Luís e Rosa Sundermann, 2008.

OLIVEIRA, A. U. **Modo de produção capitalista, agricultura e reforma agrária**. São Paulo: Labur, 2007.

OLIVEIRA, F. de. **Elegia para uma re(li)gião**: Sudene, Nordeste, planejamento e conflito de classes. Rio de Janeiro: Paz e Terra, 1981.

PACHECO, P. Com menos recursos, Embrapa busca setor privado. **Estado de Minas**, Belo Horizonte, 26 jan. 2018. Disponível em: <https://www.em.com.br/app/noticia/economia/2018/01/26/internas_economia,933745/com-menos-recursos-embrapa-busca-setor-privado.shtml>. Acesso em: 30 ago. 2019.

PATARRA, N. Migrações internacionais de e para o Brasil contemporâneo: volumes, fluxos, significados e políticas. **São Paulo em Perspectiva**, v. 19, n. 3, p. 23-33, jul./set. 2005.

PATARRA, N. Migrações internacionais: teorias, políticas e movimentos sociais. **Estudos Avançados**, v. 20, n. 57, maio/ago. 2006.

PEET, R. Mapas do Mundo no fim da História. In: SANTOS, M. et al. **O novo mapa do mundo**. Fim de século e globalização. São Paulo: Hucitec, 1994.

PIMENTEL, J. Conferência Magna "Nordeste: Desenvolvimento recente e desafios para o futuro". **Portal DSS Brasil**, Rio de Janeiro, 3 set. 2013. Disponível em: <http://dssbr.org/site/2013/09/conferencia-magna-nordeste-desenvolvimento-recente-desafios-para-o-futuro/>. Acesso em: 24 set. 2019.

PORTER, M. E. **Estratégia competitiva**: técnicas para análise de indústrias e da concorrência. 18. ed. São Paulo: Campus, 1986.

PORTO-GONÇALVES, C. W. **A reinvenção dos territórios**: a experiência latino-americana caribenha. Buenos Aires: Consejo Latinoamericano de Ciencias Sociales, 2006.

PRADO JÚNIOR, C. **Formação do Brasil contemporâneo**: colônia. São Paulo: Martins, 1942.

REDE NOSSA SÃO PAULO. **Mapa da desigualdade**. 2017. Disponível em: <https://nossasaopaulo.org.br/portal/mapa_2017_completo.pdf>. Acesso em: 29 set. 2019.

RIBEIRO, D. **O povo brasileiro**: a formação e o sentido do Brasil. São Paulo: Companhia das Letras, 1995.

RIBEIRO, L. C. Q. Reforma urbana na cidade da crise: balanço teórico e desafios. In: RIBEIRO, L. C. de Q.; SANTOS JÚNIOR, O. A. dos (Org.). **Globalização, fragmentação e reforma urbana**: o futuro das cidades brasileiras na crise. Rio de Janeiro: Civilização Brasileira, 1994. p. 261-289.

RICUPERO, B. Celso Furtado e o pensamento social brasileiro. **Estudos Avançados**, São Paulo, v. 19, n. 53, p. 371-377, jan./abr. 2005.

ROCHEFORT, M. **O desafio urbano dos países do Sul**. Campinas: Territorial, 2008.

ROCHEFORT, M. **Redes e sistemas**: ensinando sobre o urbano e a região. São Paulo: Hucitec, 1998.

ROCHEFORT, M. Um método de pesquisas das funções características de uma metrópole regional. **Boletim Geográfico**, Rio de Janeiro, v. 26, n. 198, maio/jun. 1967.

ROUSSEAU, J. J. **Discurso sobre a origem e os fundamentos da desigualdade entre os homens**. São Paulo: M. Fontes, 1999.

SANTOS, M. **A natureza do espaço**: técnica e tempo, razão e emoção. São Paulo: Hucitec, 1996.

SANTOS, M. **A natureza do espaço**: técnica e tempo, razão e emoção. São Paulo: Edusp, 2008a.

SANTOS, Milton. **A natureza do espaço**: técnica e tempo, razão e emoção. 4. ed. São Paulo: Edusp, 2009.

SANTOS, M. **A urbanização brasileira**. São Paulo: Edusp, 2008b.

SANTOS, M. **Da totalidade ao lugar**. São Paulo: Edusp, 2005.

SANTOS, M. **Espaço e método**. 5. ed. São Paulo: Edusp, 2008c.

SANTOS, M. **Espaço e método**. São Paulo: Nobel, 1985.

SANTOS, M. **Espaço e sociedade**. Petrópolis: Vozes, 1979.

SANTOS, M. **Manual de geografia urbana**. São Paulo: Hucitec, 1981.

SANTOS, M. **O espaço dividido**: os dois circuitos da economia urbana dos países subdesenvolvidos. São Paulo: Edusp, 2008d.

SANTOS, M. **O espaço do cidadão**. São Paulo: Nobel, 1987.

SANTOS, M. **Por uma economia política da cidade**: o caso de São Paulo. São Paulo: Edusp, 2009.

SANTOS, M. **Por uma geografia nova**. São Paulo: Hucitec/Edusp, 1978.

SANTOS, M. **Por uma outra globalização**: do pensamento único à consciência universal. Rio de Janeiro: Record, 2008e.

SANTOS, M. **O país distorcido**: o Brasil, a globalização e a cidadania. São Paulo: Publifolha, 2002.

SANTOS, M. **Técnica, espaço, tempo**: globalização e meio técnico-científico-informacional. São Paulo: Hucitec, 1994.

SANTOS, M. **Território e sociedade**: entrevista com Milton Santos. São Paulo: Fundação Perseu Abramo, 2000.

SANTOS, M.; SILVEIRA, M. L. **O Brasil**: território e sociedade no início do século XXI. Rio de Janeiro: Record, 2001.

SÃO PAULO é cidade mais influente da América Latina em ranking global. **G1**, 19 ago. 2014. Disponível em: <http://g1.globo.com/economia/noticia/2014/08/sao-paulo-e-cidade-mais-influente-da-america-latina-em-ranking-global.html>. Acesso em: 2 fev. 2019.

SASSEN, S. Introduire le concept de ville globale. **Raison Politiques**, n. 15, p. 9-23, out. 2004.

SCARLATO, F. C. **A indústria automobilística no capitalismo brasileiro e suas articulações com o crescimento espacial da metrópole paulista**. Dissertação (Mestrado em Geografia Humana) – Universidade de São Paulo, São Paulo, 1981.

SERENI, E. La categoria de formación económico-social. In: LUPORIN, C. et al. **El concepto de formación económico-social**. Córdoba: Passado y Presente, 1973. p. 55-95.

SILVA, F. A. da. **A pobreza na Região Canavieira de Alagoas no século XXI**: do Programa Bolsa Família à dinâmica dos circuitos da economia urbana. Tese (Doutorado em Geografia) – Universidade Estadual de Campinas, Campinas, 2017.

SILVA, J. M.; ARAÚJO, M. L. M. Estatuto da Cidade e o Planejamento Urbano-Regional. **Revista Paranaense de Desenvolvimento**, Curitiba, n. 105, p. 57-74, jul./dez. 2003.

SILVA, K. O. **A residência secundária e o uso do espaço público no litoral potiguar**. Dissertação (Mestrado em Geografia) – Universidade Federal do Rio Grande do Norte, Natal, 2010.

SILVA, S. C. da. **Circuito espacial produtivo das confecções e explorações do trabalho na metrópole de São Paulo**: os dois circuitos da economia urbana nos bairros do Brás e Bom Retiro (SP). Tese (Doutorado em Geografia) – Universidade de Campinas, Campinas, 2012.

SILVEIRA, M. L. A região e a invenção da viabilidade do território. In: SOUZA, M. A. de (Org.). **Território brasileiro**: usos e abusos. Campinas: Territorial, 2003. p. 408-416.

SILVEIRA, M. L. Por que existem tantas desigualdades sociais no Brasil? ALBUQUERQUE, E. S. de (Org.). **Que país e esse?** Pensando o Brasil contemporâneo. São Paulo: Globo, 2005.

SILVEIRA, M. L. Território usado: dinâmicas de especialização, dinâmicas de diversidade. **Ciência Geográfica**, Bauru, v. 15, n. 1, jan./dez. 2011.

SIMONNS, A. Explaning Migration: Theory at the Crossroads. In: DUCHÊNE, J. (Org.). **Explanation in the Social Sciences**: the Search for Causes in Demography. Louvain-la-Neuve: Université Catholique de Louvain, Institut de Démographie, 1987. p. 73-92.

SMITH, N. **Desenvolvimento desigual**: natureza, capital e a produção de espaço. Tradução de Eduardo de Almeida Navarro. Rio de Janeiro: Bertrand Brasil, 1988.

SOMAIN, R. A população do Brasil em 2010. **Confins**, n. 12, 2011. Disponível em: <https://journals.openedition.org/confins/7215?lang=pt>. Acesso em: 24 set. 2019.

SOUZA, M. A. A. de. **A identidade da metrópole**. São Paulo: Hucitec, 1994.

SOUZA, M. A. A. de. Cidade: lugar e geografia da existência. In: SILVA, S. B. de M.; VASCONCELOS, P. de A. (Org.). **Novos estudos de geografia urbana**. Salvador: Ed. da UFBA, 1999.

SOUZA, M. A. A. de. Geografias da desigualdade: globalização e fragmentação. In: SANTOS, M.; SOUZA, M. A. A. de; SILVEIRA, M. L. **Território**: globalização e fragmentação. São Paulo, Hucitec, 1996. p. 9-18.

SOUZA, M. A. A. de. Recompondo a história da região metropolitana: processo, teoria e ação. In: SILVA, C. A.; FREIRE, D. G.; OLIVEIRA, F. J. G. (Org.). **Metrópole, governo, sociedade e territórios**. Rio de Janeiro: Faperj, 2006. p. 27-41.

SOUZA, M. J. L. **ABC do desenvolvimento urbano**. Rio de Janeiro: Bertrand Brasil, 2003.

SOUZA, M. L. de. **Fobópole**: o medo generalizado e a militarização da questão urbana. Rio de Janeiro: Bertrand Brasil, 2008.

SPOSITO, M. E. B. Metropolização do espaço: cidades médias, lógicas econômicas e consumo. In: FERREIRA, A.; RUA, J.; MATTOS, R. C. de. **Desafios da metropolização do espaço**. Rio de Janeiro: Consequência, 2015. p. 125-152.

SPOSITO, M. E. B.; GÓES, E. M. **Espaços fechados e cidades**: insegurança urbana e fragmentação socioespacial. São Paulo: Ed. da Unesp, 2013.

STAMM, C.; STADUTO, J. A. R.; LIMA, J. F. de; WADI, Y. M. A população urbana e a difusão das cidades de porte médio no Brasil. **Interações**, Campo Grande, v. 14, n. 2, p. 251-265, jul./dez. 2013. Disponível em: <http://www.scielo.br/pdf/inter/v14n2/a11v14n2.pdf>. Acesso em: 19 dez. 2019.

SUERTEGARAY, D. Notas sobre epistemologia da geografia. **Cadernos Geográficos**, Florianópolis, n. 12, maio 2005.

TAVARES, J. C. Eixos: novo paradigma do planejamento regional? Os eixos de infraestrutura nos PPA's nacionais, na Iirsa e na macrometrópole paulista. **Cadernos Metrópole**, São Paulo, v. 18, n. 37, p. 671-695, set./dez. 2016. Disponível em: <http://www.scielo.br/pdf/cm/v18n37/2236-9996-cm-18-37-0671.pdf>. Acesso em: 29 jul. 2019.

TERRA, L.; ARAÚJO, R.; GUIMARÃES, R. B. **Conexões**: estudos de geografia geral e do Brasil. São Paulo: Moderna, 2009.

THÉRY, H.; MELLO, N. A. **Atlas do Brasil**: desigualdades e dinâmicas do território. São Paulo: Edusp, 2005.

TROTSKY, L. **A revolução traída**: o que é e para onde vai a URSS. São Paulo: Instituto José Luís; Rosa Sundermann, 2005.

VASCONCELOS, P. de A. Contribuição para o debate sobre processos e formas socioespaciais nas cidades. In: VASCONCELOS, P. de A.; CORRÊA, R. L.; PINTAUDI, S. M. **A cidade contemporânea**: segregação espacial. São Paulo: Contexto, 2013. p. 17-37.

VELTZ, P. **Mundialización, ciudades y territorios**: la economía de archipiélago. Barcelona: Ariel, 1999.

VILLAÇA, F. São Paulo: segregação urbana e desigualdade. **Estudos Avançados**, v. 25, n. 71, p. 37-58, 2011.

Bibliografia comentada

Nesta seção, recomendamos alguns livros que consideramos importantes para aprofundar o conteúdo abordado nesta obra. Nosso objetivo é que, ao ler os comentários dedicados a cada um deles, você se sinta motivado a lê-los, bem como a buscar outras obras para enriquecer seus conhecimentos.

Pesquise, leia, reflita sobre o que aprendeu. Apenas assim as portas do saber se abrirão diante de você.

SANTOS, M.; SILVEIRA, M. L. **O Brasil**: território e sociedade no início do século XXI. Rio de Janeiro: Record, 2001.

Nesse livro, Milton Santos e Maria Laura Silveira oferecem uma interpretação sobre o Brasil à luz das dinâmicas promovidas pelo processo de globalização que afeta o território, revelando novos traços da sociedade, da política e da economia, cujo resultado é a produção de novos objetos e novas ações. Sua análise sustenta-se na categoria *território usado*, que, segundo os autores, "aponta para a necessidade de um esforço destinado a analisar sistematicamente a constituição do território" (p. 20). Para assim compreenderem o território brasileiro, os autores realizam uma periodização para demonstrar que os eventos históricos têm uma expressão marcante no espaço geográfico. Eles reconhecem no território brasileiro a existência de três grandes períodos que resultam na configuração dos seguintes meios geográficos: meio natural, meio técnico e meio técnico-científico-informacional. Ao final do livro, são apresentados alguns estudos de caso sobre temáticas variadas. A riqueza da obra e a importância de seus autores para a geografia brasileira fazem dela uma das obras que vale a pena ler.

VASCONCELOS, P. de A.; CORRÊA, R. L.; PINTAUDI, S. M. (Org.). **A cidade contemporânea**: segregação espacial. São Paulo: Contexto, 2013.

A obra indicada é formada por um conjunto de artigos de nove autores, os quais procuram refletir sobre o conceito de *segregação espacial* e suas representações no espaço urbano. Nesse livro, você encontrará um conteúdo rico e abrangente sobre a luta de classes e a reprodução do espaço urbano, com destaque para o uso diferenciado dos espaços das cidades e o processo de segregação residencial. A leitura esclarece a atuação de diferentes agentes no espaço urbano e seu papel na formação de novas configurações espaciais. Há um esforço conjunto, na construção de um vasto referencial teórico e empírico sobre a temática da segregação socioespacial, na busca de entender melhor como o fenômeno se revela atualmente no funcionamento das cidades brasileiras.

BECKER, B.; EGLER, C. **Brasil, uma nova potência regional na economia-mundo**. São Paulo: Bertrand Brasil, 1993.

Nesse livro, os autores refletem sobre o papel do Brasil na economia-mundo, considerando as condições históricas e geográficas que o tornam particular. O objetivo, segundo Bertha Becker e Claudio Egler, é desmitificar duas grandes compreensões a respeito do Brasil: 1) a ideia do "Brasil Potência"; e 2) a ideia de um país do "Terceiro Mundo". A obra esclarece não só a incorporação do Brasil na economia-mundo, mas também as crises e os desafios que, segundo os autores, caracterizam-no como uma potência regional.

Respostas

Capítulo I

Atividades de autoavaliação

1. a

2. e

3. d

4. b

5. e

Atividades de aprendizagem

Questões para reflexão

1. No contexto do movimento de renovação das bases teórico-epistemológicas da geografia, a efervescência de ideias contemplava o papel da geografia na sociedade. O tempo histórico, os agentes sociais e as contradições inerentes à sociedade foram temas que se tornaram necessários às discussões que colocavam o espaço geográfico como objeto de estudo da ciência geográfica. O conceito de *formação socioespacial* foi relevante na medida em que contribuiu para o aprofundamento das análises acerca das lógicas espaciais e do aprofundamento do conceito de *espaço geográfico*, que passou a ser visto como uma totalidade e uma instância social.

2. A importância atribuída ao planejamento regional a partir dos anos 1960 levou à criação de várias comissões de estudos e à construção de órgãos e superintendências responsáveis por projetos que objetivavam a mitigação das disparidades regionais existentes no território brasileiro. Cabia também a essas instituições promover, por meio do planejamento, um novo patamar de desenvolvimento social e crescimento econômico regional. Assim, nesse período foi criada a Superintendência para o Desenvolvimento do Nordeste (Sudene), a Superintendência para o Desenvolvimento do Centro-Oeste (Sudeco), a Superintendência para o Desenvolvimento do Sul (Sudesul) e a Superintendência para o Desenvolvimento da Amazônia (Sudam).

Capítulo 2

Atividades de autoavaliação

1. d

2. c

3. c

4. d

Atividades de aprendizagem

Questões para reflexão

1. A reestruturação produtiva é viabilizada diretamente pelos sistemas tecnológicos e pelas redes geográficas, que, a partir do processo de globalização, se tornaram globais. O sistema técnico-científico-informacional tem criado novas redes e

ressignificado as já existentes, além de possibilitar a atuação das grandes corporações. A reestruturação produtiva é um processo capitalista que, desde meados dos anos 1970, tem reconfigurado espacialmente cidades e sistemas urbanos. Tecnologias e normas geram formas espaciais, influenciam nas dinâmicas de concentração e mobilidade e têm refuncionalizado polos e periferias. Centros metropolitanos nacionais, como São Paulo, têm se tornado centros de difusão tecnológica, decisão e pós-venda. São também centros de gestão do território.

2. O modo de reestruturação produtiva é um processo que vem modificando ou reestruturando a configuração dos espaços urbanos brasileiros. Tem se caracterizado pela fragmentação espacial dos processos produtivos, pela flexibilização das lógicas trabalhistas e pela expansão do modelo econômico neoliberal, principalmente nos países subdesenvolvidos. A flexibilização do trabalho e do processo produtivo tem favorecido a realização dos comandos das cadeias produtivas em vários lugares do mundo. O sistema econômico neoliberal tem facilitado a instalação de corporações transnacionais no Brasil. Além disso, o processo de reestruturação produtiva tem flexibilizado as normas trabalhistas e diminuído o ganho médio do trabalhador.

Capítulo 3

Atividades de autoavaliação

1. d

2. e

3. d

4. e

5. a

Atividades de aprendizagem

Questões para reflexão

1. A partir da segunda metade do século XX, o Brasil tornou-se mais urbano. O processo de urbanização se desenvolveu mais intensamente, e o perfil demográfico da população brasileira começou a se inverter, com as pessoas migrando e aglomerando-se cada vez mais nas cidades.
    A urbanização acelerada produziu no território brasileiro novas formas e conteúdos no urbano e no rural. Essas configurações se acentuaram em meados dos anos 1970 e, com a expansão do meio técnico-científico-informacional, ocorreram processos simultâneos de modernização dos processos produtivos e desigualdades socioespaciais.
    É possível observar uma renovação tecnológica e organizacional das materialidades do território brasileiro que afetou o mundo do trabalho e do consumo, mas esse processo não trouxe mudanças significativas no que diz respeito às condições de vida da maior parte da população. Assim, as cidades passaram a ser centros de inovação e difusão da modernização tecnológica e também o lugar onde os problemas, como a pobreza, são mais agudos.

2. A resposta da questão deve considerar o processo de involução metropolitana, ou seja, a diminuição do ritmo de crescimento das metrópoles brasileiras; a diminuição da taxa de natalidade; o crescimento populacional e econômico das cidades médias; e a expansão do processo de urbanização em direção ao

campo ao mesmo tempo que este abriga novas racionalidades do período técnico-científico-informacional.

Capítulo 4
Atividades de autoavaliação

1. c

2. a

3. b

4. a

5. d

Atividades de aprendizagem

Questões para reflexão

1. As desigualdades socioespaciais no Brasil têm caráter histórico e estrutural, um processo forjado ainda no período colonial. A formação socioespacial brasileira apresentou, ao longo de sua trajetória, distintas divisoes territoriais do trabalho, e as regiões foram valorizadas diferentemente ao longo dos períodos econômicos. O Brasil sofreu um processo de urbanização rápido e acelerado e um processo de industrialização seletivo e concentrado no Sudeste do país. A população se aglomerou em poucos centros. O Estado priorizou o direcionamento dos recursos da nação à criação de infraestruturas que contribuíram para o processo de industrialização e a formação da Região Concentrada. O processo de planejamento urbano e regional gerou diagnósticos e deu origem a órgãos estatais que têm o objetivo de mitigar as disparidades regionais presentes no

território. O papel das empresas está ligado, principalmente a partir dos anos 1970, ao acirramento da divisão internacional do trabalho, ao processo de reestruturação produtiva, à modernização do campo, à construção de novas infraestruturas que integraram o território brasileiro, ao processo de desconcentração industrial e à implantação de "ilhas de modernidade econômica" em subespaços do território brasileiro.

2. As regiões produtivas do agronegócio têm se expandido de maneira seletiva pelo território brasileiro, priorizando atualmente as regiões Norte e Nordeste (todo o território do Tocantins, o sul e o leste do Maranhão, o oeste do Piauí e o oeste da Bahia – o chamado Matopiba). As técnicas e inovações que compõem o meio técnico-científico-informacional possibilitaram a expansão de novas áreas. Por meio do Estado, novas materialidades, como estradas, portos e aeroportos, foram acrescentadas ao solo. Além disso, a existência de circuitos espaciais produtivos e círculos de cooperação favorece a dispersão de várias etapas do processo produtivo, de sua circulação e distribuição até o consumidor final.

Capítulo 5

Atividade de autoavaliação

1. d
2. b
3. a
4. d
5. e

Atividades de aprendizagem

Questões para reflexão

1. O conceito de *segregação socioespacial* vem sendo utilizado para explicar processos e formas existentes no espaço intraurbano das cidades que expressam o fenômeno das desigualdades. O espaço é usado e valorizado diferentemente pelos atores sociais, inclusive pelo Estado, que, por meio do planejamento urbano e das legislações aprovadas, tem dotado os territórios de equipamentos e serviços urbanos de forma desigual. Para Sposito e Goés (2013) e Vasconcelos (2013), existem dois elementos importantes na constituição do processo de segregação materializados na dinâmica dos espaços urbanos: o primeiro é de caráter involuntário, sendo por isso sendo denominado de *segregação involuntária*; o segundo é de caráter voluntário, sendo denominado de *autossegregação*.

2. O tema da violência é extremamente complexo e tem sido estudado por várias áreas do conhecimento. A violência tem uma dimensão espacial. Na geografia, ressaltam-se as tensões entre os atores que utilizam o espaço urbano de formas distintas, os diversos usos do território. O Brasil tem um alto índice de homicídios, o que tem levado a uma série de debates entre o Poder Público e a sociedade civil sobre segurança pública e violência nos espaços urbanos. As cidades brasileiras passaram a apresentar áreas mais ou menos seguras, bairros com maiores ou menores índices de assaltos, mortes, violência e medo. No interior das cidades, a violência não se distribui espacialmente de modo igualitário. Alguns geógrafos estudiosos do tema apontam a existência de uma relação direta entre os níveis de vida da população, os locais em que habitam e a chance de morrerem pelo fenômeno da violência urbana.

Sobre as autoras

Jane Roberta de Assis Barbosa é bacharel e licenciada em Geografia pela Universidade Federal do Rio Grande do Norte (UFRN), onde também fez mestrado. É doutora em Geografia Humana pela Universidade de São Paulo (USP), tendo realizado seu estágio doutoral na Universidade de Paris 1 Panthéon-Sorbonne. Tem experiência docente na UFRN, onde atuou como professora do curso de Geografia nas modalidades presencial e a distância. Além disso, foi professora da Universidade Estadual de Alagoas (Uneal), desempenhando sua docência no Departamento de Geografia da instituição. Foi bolsista PNPD/Capes no Programa de Pós-Graduação e Pesquisa em Geografia (PPGe), desenvolvendo pesquisa sobre cidades inteligentes. Atualmente, é professora assistente do Departamento de Geografia da UFRN.

Sandra Priscila Alves é bacharel em Geografia pela Universidade Federal do Rio Grande do Norte (UFRN), onde também cursou o mestrado e atuou como docente nos cursos presenciais de Geografia e Turismo. Atuou ainda como tutora do curso de Turismo na modalidade a distância do Instituto Federal do Rio Grande do Norte (IFRN).

Os papéis utilizados neste livro, certificados por instituições ambientais competentes, são recicláveis, provenientes de fontes renováveis e, portanto, um meio responsável e natural de informação e conhecimento.

FSC
www.fsc.org
MISTO
Papel produzido a partir de fontes responsáveis
FSC® C103535

Impressão: Reproset
Março/2023